AF488552

Después de sufrir un atentado en contra de su ejemplar e intachable carrera profesional, el Ingeniero Israel Laisequilla nos ofrece en esta obra una guía detallada y claramente redactada que nos permite adentrarnos en el mundo de la industria, de la manera tan peculiar como solo el llamado "ingeniero más polémico" logra hacerlo.

INSTRUCCIONES

La información aquí presentada considera el acceso y/o disponibilidad de la información y tecnologías actuales. En caso de requerir más información, formatos y/o ejemplos, su consulta, podría aumentar su confiabilidad gracias a los criterios desarrollados con la obra. Cualquier información adicional, fórmulas y/o videos pueden ser requeridos con el asistente artificial de su preferencia.

todo sobre
Lean Six Sigma

TALLER DEL INGE

I. LAISEQUILLA

todo sobre Lean Six Sigma

Dedicado a todas y a todos los que, por su curiosidad, buscan entender el mundo a través de los datos.

todo sobre Lean Six Sigma

iii

CONTENIDO

AGRADECIMIENTOS

Antes de sumergirnos en el mundo de Lean Six Sigma, me gustaría tomar un momento para agradecer a las personas que hicieron posible este libro.

En primer lugar, quiero agradecer a mi editor, quien me brindó su apoyo y orientación a lo largo de todo el proceso de escritura. Su experiencia y dedicación fueron invaluables para llevar este proyecto a buen puerto.

También quiero agradecer a mi familia, quienes me han apoyado incondicionalmente en todas mis aventuras, incluyendo esta. Sus palabras de aliento y su paciencia infinita me han permitido dedicar el tiempo y la energía necesarios para llevar a cabo esta obra.

Por último, pero no menos importante, quiero agradecer a todas las personas que buscan entender el mundo que nos rodea a través de los datos y el análisis estadístico. Su pasión por descubrir patrones y verdades en la información ha sido una fuente constante de inspiración para mí. Gracias a su curiosidad, este libro ha cobrado vida.

Gracias de nuevo a todos por su apoyo y confianza. Espero que disfruten leyendo este libro tanto como yo disfruté escribiéndolo.

Taller del inge

INTRODUCCIÓN A LEAN SIX SIGMA

Lean Six Sigma es una metodología de mejora continua que combina los principios del Lean Manufacturing y Six Sigma para eliminar el desperdicio y reducir la variabilidad en los procesos. Esta metodología tiene como objetivo mejorar la calidad de los productos y servicios, reducir los costos y aumentar la satisfacción del cliente.

El Lean Manufacturing se enfoca en eliminar el desperdicio, mientras que Six Sigma se enfoca en reducir la variabilidad. Al combinar estas dos metodologías, Lean Six Sigma busca mejorar la eficiencia y efectividad de los procesos de manera holística.

La metodología Lean Six Sigma se compone de cinco fases: Definir, Medir, Analizar, Mejorar y Controlar (DMAIC, por sus siglas en inglés). Cada una de estas fases tiene un propósito específico y se utiliza para llevar a cabo la mejora continua en los procesos.

Fase 1: Definir

La fase de Definir tiene como objetivo definir el problema y establecer los objetivos de mejora. Durante esta fase, se identifican los procesos que se van a mejorar y se establecen los objetivos de mejora en términos de calidad, costo y tiempo.

También se crea un equipo de mejora que estará encargado de llevar a cabo el proyecto. Este equipo debe estar compuesto por personas de diferentes áreas de la organización para tener una perspectiva amplia y diversa.

Fase 2: Medir

La fase de Medir tiene como objetivo recopilar datos sobre el proceso actual para tener una base de comparación con el proceso mejorado. Durante esta fase, se identifican las variables críticas que afectan la calidad del proceso y se establecen los indicadores de desempeño que se utilizarán para medir la mejora.

También se establecen las herramientas y técnicas que se utilizarán para recopilar y analizar los datos. Algunas de estas herramientas incluyen el diagrama de flujo, el diagrama de Pareto, el histograma y la hoja de control.

Fase 3: Analizar

La fase de Analizar tiene como objetivo identificar las causas raíz del problema y encontrar oportunidades de mejora. Durante esta fase, se analizan los datos recopilados en la fase de Medir para identificar patrones y tendencias.

También se utilizan herramientas y técnicas de análisis como el análisis de causa raíz, el análisis de correlación y el análisis de varianza para identificar las causas del problema y las oportunidades de mejora.

Fase 4: Mejorar

La fase de Mejorar tiene como objetivo implementar soluciones para corregir las causas raíz identificadas en la fase de Analizar. Durante esta fase, se desarrollan soluciones potenciales y se selecciona la mejor solución para implementar.

También se utiliza la herramienta de diseño de experimentos para probar la solución y asegurarse de que sea efectiva antes de implementarla en el proceso.

Fase 5: Controlar

La fase de Controlar tiene como objetivo mantener la mejora y prevenir la recurrencia del problema. Durante esta fase, se establecen medidas de control para asegurarse de que la solución implementada se mantenga en el tiempo.

También se establecen planes de seguimiento y monitoreo para medir la efectividad de la solución y tomar medidas correctivas si es necesario. Se pueden establecer sistemas de retroalimentación y evaluación periódica para garantizar que el proceso siga mejorando con el tiempo.

Además de las cinco fases DMAIC, la metodología Lean Six Sigma también incluye otras herramientas y técnicas que se utilizan para mejorar la calidad y reducir los costos. Algunas de estas herramientas incluyen:

Mapas de flujo de valor: esta herramienta se utiliza para visualizar el proceso completo y identificar áreas de desperdicio. Permite identificar oportunidades de mejora y desarrollar un plan para eliminar el desperdicio y mejorar el flujo del proceso.

5S: esta técnica se utiliza para organizar el lugar de trabajo y mejorar la eficiencia. Consiste en clasificar, ordenar, limpiar, estandarizar y mantener el lugar de trabajo.

Poka-yoke: esta técnica se utiliza para evitar errores y defectos en el proceso. Consiste en diseñar el proceso de manera que sea imposible cometer errores o defectos.

Kanban: esta técnica se utiliza para controlar el flujo de trabajo y mejorar la eficiencia. Consiste en utilizar tarjetas o señales visuales para indicar cuándo se debe producir más productos o cuándo se debe reabastecer el inventario.

La metodología Lean Six Sigma se puede aplicar en cualquier tipo de organización, desde empresas manufactureras hasta organizaciones de servicios. También se puede aplicar en cualquier proceso, desde la fabricación de productos hasta el servicio al cliente.

El éxito de la implementación de Lean Six Sigma depende de la cultura de la organización. Es importante que la organización tenga una cultura de mejora continua y esté comprometida con la implementación de Lean Six Sigma. También es importante que los líderes de la organización apoyen y participen activamente en el proceso de mejora continua.

En resumen, Lean Six Sigma es una metodología de mejora continua que combina los principios del Lean Manufacturing y Six Sigma para eliminar el desperdicio y reducir la variabilidad en los procesos. Esta metodología tiene como objetivo mejorar la calidad de los productos y servicios, reducir los costos y aumentar la satisfacción del cliente. La metodología se compone de cinco fases: Definir, Medir, Analizar, Mejorar y Controlar (DMAIC), y utiliza herramientas y técnicas como mapas de flujo de valor, 5S, Poka-yoke y Kanban para mejorar la eficiencia y efectividad de los procesos. El éxito de la implementación de Lean Six Sigma depende de la cultura de la organización y el compromiso de los líderes.

HISTORIA Y EVOLUCIÓN DE LEAN SIX SIGMA

En los últimos años, Lean Six Sigma se ha convertido en una metodología popular de mejora continua que se ha utilizado en diversas organizaciones y empresas. Esta metodología combina los principios de Lean y Six Sigma para eliminar los residuos, reducir los defectos y mejorar la eficiencia y efectividad de los procesos. En este capítulo, se discutirá la historia y la evolución de Lean Six Sigma, desde sus orígenes hasta su adopción actual en el mundo empresarial.

Orígenes de Lean Six Sigma

La filosofía Lean se originó en Japón en la década de 1950, en la industria automotriz, específicamente en Toyota. El objetivo principal de Lean es maximizar el valor del cliente mientras se minimiza el desperdicio. El enfoque principal de Lean es la eliminación de residuos en los procesos, como la sobreproducción, el tiempo de espera, el transporte, el procesamiento excesivo, el inventario, el movimiento y los defectos.

Por otro lado, Six Sigma es una metodología que se originó en Motorola en la década de 1980. El objetivo principal de Six Sigma es reducir la variabilidad y los defectos en los procesos. La metodología utiliza herramientas estadísticas para identificar y analizar los problemas y mejorar la calidad de los productos y servicios.

La combinación de Lean y Six Sigma se produjo en la década de 1990 cuando las empresas comenzaron a buscar formas de mejorar su eficiencia y efectividad en los procesos. La metodología Lean Six Sigma se convirtió en una herramienta popular para las empresas para mejorar su calidad, reducir costos y mejorar la satisfacción del cliente.

Desarrollo de Lean Six Sigma

La metodología Lean Six Sigma ha evolucionado con el tiempo para adaptarse a las necesidades cambiantes de las empresas. A continuación, se describen algunas de las etapas clave en la evolución de Lean Six Sigma:

Inicio de la metodología Lean Six Sigma

La metodología Lean Six Sigma comenzó a utilizarse en la década de 1990 en empresas como General Electric y Motorola. En este momento, la metodología se centró en la mejora de procesos y la reducción de costos.

La metodología Lean Six Sigma se basa en cinco fases, conocidas como DMAIC (Definir, Medir, Analizar, Mejorar y Controlar). Cada fase tiene un conjunto de herramientas y técnicas que se utilizan para identificar y resolver problemas en los procesos.

Ampliación de Lean Six Sigma a otras industrias

En la década de 2000, la metodología Lean Six Sigma se amplió a otras industrias, como la salud y el gobierno. Las empresas comenzaron a utilizar la metodología para mejorar la calidad de los servicios y reducir los costos.

La metodología Lean Six Sigma también se adaptó para abordar problemas específicos en cada industria. Por ejemplo, en la industria de la salud, se utiliza Lean Six Sigma para mejorar la eficiencia de los procesos y reducir los errores médicos.

Integración de Lean Six Sigma con otras metodologías

En la última década, la metodología Lean Six Sigma se ha integrado con otras metodologías, como el pensamiento de diseño y la gestión de proyectos ágil. La integración de estas metodologías ha llevado a la creación de nuevas herramientas y técnicas que se utilizan en la mejora continua.

La metodología Lean Six Sigma también se ha adaptado para abordar problemas específicos en cada organización. Se han desarrollado versiones personalizadas de

Lean Six Sigma para la industria de servicios, el sector público y el sector sin fines de lucro. También se ha creado una versión para pequeñas y medianas empresas.

Además, la metodología Lean Six Sigma ha evolucionado para incluir el concepto de Lean Startup. La metodología Lean Startup se centra en la creación de productos y servicios que satisfagan las necesidades del cliente. Se utiliza para desarrollar productos mínimos viables (MVP) y experimentar con el mercado para obtener retroalimentación temprana.

Beneficios de Lean Six Sigma

La metodología Lean Six Sigma se utiliza para mejorar la calidad, reducir los costos y aumentar la satisfacción del cliente. Los beneficios de Lean Six Sigma incluyen:

Mejora de la calidad: Lean Six Sigma ayuda a mejorar la calidad de los productos y servicios al reducir los defectos y la variabilidad en los procesos.

Reducción de costos: Lean Six Sigma ayuda a reducir los costos al eliminar los residuos en los procesos y mejorar la eficiencia.

Aumento de la satisfacción del cliente: Lean Six Sigma ayuda a mejorar la satisfacción del cliente al mejorar la calidad de los productos y servicios y reducir los tiempos de espera.

Mejora de la eficiencia: Lean Six Sigma ayuda a mejorar la eficiencia al eliminar los residuos y mejorar los procesos.

Aumento de la rentabilidad: Lean Six Sigma ayuda a aumentar la rentabilidad al reducir los costos y mejorar la calidad de los productos y servicios.

Conclusión

La metodología Lean Six Sigma ha evolucionado con el tiempo para adaptarse a las necesidades cambiantes de las empresas y organizaciones. La combinación de los principios de Lean y Six Sigma ha demostrado ser efectiva para mejorar la calidad, reducir los costos y aumentar la satisfacción del cliente. La metodología se ha adaptado para abordar problemas específicos en cada industria y organización. La metodología Lean Six Sigma seguirá evolucionando y adaptándose para satisfacer las necesidades futuras de las empresas y organizaciones en todo el mundo.

PRINCIPIOS DE LEAN SIX SIGMA

El Lean Six Sigma es un enfoque de gestión que combina las metodologías Lean y Six Sigma para mejorar la calidad, reducir los costos y aumentar la eficiencia en una organización. Este enfoque se centra en la eliminación de desperdicios, la mejora continua y la reducción de la variabilidad en los procesos de producción. El presente capítulo se enfocará en los principios básicos de Lean Six Sigma y cómo se pueden aplicar en una organización para obtener mejores resultados.

Introducción al Lean Six Sigma

El Lean Six Sigma es un enfoque de gestión que se ha utilizado en muchas organizaciones para mejorar la calidad, reducir los costos y aumentar la eficiencia. Esta metodología combina las herramientas y técnicas de Lean y Six Sigma para crear un enfoque de mejora continua en la organización. Los principios de Lean Six Sigma se basan en la eliminación de desperdicios, la mejora continua y la reducción de la variabilidad en los procesos de producción.

Los principios de Lean Six Sigma

Los principios de Lean Six Sigma se basan en cinco principios clave: el enfoque en el cliente, la mejora continua, la eliminación de desperdicios, la reducción de la variabilidad y la mejora del rendimiento. A continuación, se describen cada uno de estos principios.

Enfoque en el cliente

El primer principio de Lean Six Sigma es el enfoque en el cliente. La idea es que una organización debe centrarse en lo que el cliente quiere y necesita, en lugar de centrarse en lo que la organización quiere producir. Para lograr esto, una organización debe comprender las necesidades de sus clientes y garantizar que sus productos y servicios cumplan con esas necesidades.

Mejora continua

El segundo principio de Lean Six Sigma es la mejora continua. La idea es que una organización siempre debe esforzarse por mejorar sus procesos y productos para satisfacer mejor las necesidades de sus clientes. Esto se logra a través de la identificación y eliminación de desperdicios, la reducción de la variabilidad y el aumento de la eficiencia.

Eliminación de desperdicios

El tercer principio de Lean Six Sigma es la eliminación de desperdicios. La idea es que una organización debe eliminar cualquier actividad o proceso que no agregue valor al producto o servicio que se está produciendo. Esto se logra a través de la identificación y eliminación de procesos redundantes, actividades innecesarias y cualquier otra cosa que no contribuya al valor final del producto o servicio.

Reducción de la variabilidad

El cuarto principio de Lean Six Sigma es la reducción de la variabilidad. La idea es que una organización debe minimizar la variabilidad en sus procesos para lograr una mayor eficiencia y calidad. Esto se logra a través de la identificación y eliminación de cualquier fuente de variabilidad en el proceso de producción.

Mejora del rendimiento

El quinto principio de Lean Six Sigma es la mejora del rendimiento. La idea es que una organización debe medir y mejorar constantemente su rendimiento para lograr una mayor eficiencia y calidad. Esto se logra a través del seguimiento y medición de los indicadores clave de rendimiento y la implementación de mejoras en los procesos de producción.

Cómo aplicar los principios de Lean Six Sigma

Para aplicar los principios de Lean Six Sigma en una organización, se requiere un enfoque estructurado y sistemático. A continuación, se describen los pasos necesarios para aplicar estos principios en una organización.

Identificar los procesos clave

El primer paso para aplicar los principios de Lean Six Sigma es identificar los procesos clave de la organización que necesitan mejoras. Esto se puede lograr a través de la realización de un análisis de los procesos de producción, identificando aquellos que tienen mayores costos, mayor tiempo de ciclo o que presentan problemas de calidad.

Analizar los procesos

Una vez identificados los procesos clave, es necesario realizar un análisis detallado de los mismos para identificar los puntos de mejora. Esto se puede lograr a través de la realización de un diagrama de flujo de los procesos, identificando los puntos críticos y los problemas de calidad.

Identificar los desperdicios

Una vez que se han identificado los problemas y los puntos de mejora en los procesos, es necesario identificar los desperdicios en los mismos. Esto se puede lograr a través de la identificación de las actividades que no agregan valor al producto o servicio final y la eliminación de las mismas.

Reducir la variabilidad

Una vez identificados los desperdicios, es necesario reducir la variabilidad en los procesos para lograr una mayor eficiencia y calidad. Esto se puede lograr a través de la identificación y eliminación de las fuentes de variabilidad en el proceso de producción.

Medir y mejorar el rendimiento

Finalmente, es necesario medir y mejorar constantemente el rendimiento de los procesos para lograr una mayor eficiencia y calidad. Esto se puede lograr a través del seguimiento y medición de los indicadores clave de rendimiento y la implementación de mejoras en los procesos de producción.

Beneficios de la aplicación de los principios de Lean Six Sigma

La aplicación de los principios de Lean Six Sigma en una organización puede ofrecer una serie de beneficios, entre los que se incluyen:

Mejora de la calidad del producto o servicio.

Reducción de los costos de producción.

Aumento de la eficiencia y productividad.

Mejora de la satisfacción del cliente.

Reducción del tiempo de ciclo de los procesos de producción.

Aumento de la rentabilidad de la organización.

Conclusiones

El Lean Six Sigma es un enfoque de gestión que combina las metodologías Lean y Six Sigma para mejorar la calidad, reducir los costos y aumentar la eficiencia en una organización. Los principios de Lean Six Sigma se basan en la eliminación de desperdicios, la mejora continua y la reducción de la variabilidad en los procesos de producción. Para aplicar estos principios en una organización, se requiere un enfoque estructurado y sistemático que incluye la identificación de los procesos clave, el análisis de los mismos, la identificación de los desperdicios, la reducción de la variabilidad y la medición y mejora del rendimiento. La aplicación de los principios de Lean Six Sigma puede ofrecer una serie de beneficios para una organización, incluyendo la mejora de la calidad, la reducción de los costos, el aumento de la eficiencia y productividad, la mejora de la satisfacción del cliente y la rentabilidad.

ESTRUCTURA Y COMPONENTES DE LEAN SIX SIGMA

El Lean Six Sigma es una metodología que combina dos enfoques para mejorar los procesos empresariales y reducir los errores: el Lean Manufacturing y Six Sigma. La metodología se centra en la eliminación de los residuos y la reducción de la variación en los procesos. En este capítulo, analizaremos la estructura y componentes de Lean Six Sigma, que incluyen la filosofía Lean, la metodología Six Sigma y las herramientas que se utilizan en la implementación de esta metodología.

Filosofía Lean

La filosofía Lean se originó en Japón y se centró en la eliminación de los residuos en los procesos empresariales. Los residuos son cualquier cosa que no añade valor al producto o servicio, como el tiempo de espera, el exceso de inventario, la sobreproducción, el transporte innecesario, el exceso de procesamiento y los defectos. Al eliminar estos residuos, se mejora la eficiencia y se reducen los costos.

La filosofía Lean se basa en cinco principios:

Valor: el cliente es el que determina el valor de un producto o servicio.

Flujo de valor: los procesos se deben diseñar para crear un flujo de valor continuo desde la materia prima hasta el cliente.

Flujo continuo: los procesos deben diseñarse para minimizar los residuos y maximizar el flujo de valor.

Producción ajustada: se debe producir solo lo que se necesita, cuando se necesita y en la cantidad necesaria.

Perfección: el objetivo final es la perfección, es decir, la eliminación completa de los residuos.

La filosofía Lean se centra en la mejora continua y el aprendizaje organizacional. Los empleados son animados a identificar y eliminar los residuos en sus procesos y a buscar constantemente formas de mejorar. Esta filosofía se aplica no solo a la fabricación, sino también a los servicios y otras industrias.

Metodología Six Sigma

La metodología Six Sigma se centra en la reducción de la variación en los procesos empresariales. La variación es cualquier desviación del proceso estándar que puede conducir a errores o defectos en el producto o servicio. La metodología utiliza una serie de herramientas y técnicas estadísticas para identificar y reducir la variación en los procesos.

La metodología Six Sigma se basa en cinco fases:

Definir: en esta fase, se define el problema y se establece un equipo de proyecto.

Medir: se recopilan datos para comprender el proceso y cuantificar la variación.

Analizar: se analizan los datos para identificar las causas raíz de la variación.

Mejorar: se desarrollan soluciones para reducir la variación y se implementan los cambios.

Controlar: se establecen controles para garantizar que los cambios se mantengan y se miden los resultados para asegurar la mejora continua.

La metodología Six Sigma utiliza un enfoque basado en datos y hechos para la toma de decisiones y se centra en la satisfacción del cliente y la mejora continua. El objetivo es reducir la variación a un nivel de seis sigma, lo que significa que el proceso produce solo 3,4 defectos por millón de oportunidades.

Herramientas Lean Six Sigma

La metodología Lean Six Sigma utiliza una variedad de herramientas y técnicas para identificar y eliminar los residuos y reducir la variación en los procesos. A continuación, se presentan algunas de las herramientas más comunes utilizadas en Lean Six Sigma:

Mapa de flujo de valor: un mapa de flujo de valor es una herramienta visual que muestra el flujo de materiales e información en un proceso. Se utiliza para identificar los residuos en un proceso y para diseñar un flujo de valor más eficiente.

Análisis de Pareto: el análisis de Pareto es una técnica utilizada para identificar los problemas más comunes en un proceso. Se basa en el principio de que el 80% de los problemas provienen del 20% de las causas.

Diagrama de Ishikawa: también conocido como diagrama de espina de pescado, es una herramienta utilizada para identificar las posibles causas raíz de un problema. Se utiliza para identificar las diferentes categorías de causas que pueden contribuir a un problema.

Histograma: un histograma es un gráfico que muestra la distribución de los datos. Se utiliza para identificar la variación en un proceso y para determinar si los datos siguen una distribución normal.

Gráfico de control: un gráfico de control es una herramienta utilizada para monitorear un proceso y detectar cualquier variación no deseada. Se utiliza para identificar cuando un proceso está fuera de control y para tomar medidas para corregirlo.

Análisis de capacidad del proceso: el análisis de capacidad del proceso se utiliza para medir la capacidad de un proceso para cumplir con las especificaciones del cliente. Se utiliza para identificar si un proceso está produciendo productos o servicios que cumplen con los requisitos del cliente.

DMAIC: DMAIC es una herramienta utilizada en la metodología Six Sigma para identificar y reducir la variación en un proceso. Las cinco fases de DMAIC se describen anteriormente en este capítulo.

Roles y responsabilidades en Lean Six Sigma

Para implementar con éxito Lean Six Sigma en una organización, es importante asignar roles y responsabilidades claros a los empleados y líderes de la empresa. A continuación, se presentan algunos de los roles comunes en un equipo de Lean Six Sigma:

Líder de proyecto: el líder de proyecto es responsable de liderar el equipo de proyecto y asegurarse de que se cumplan los objetivos del proyecto.

Sponsor del proyecto: el sponsor del proyecto es un líder ejecutivo de la organización que proporciona apoyo y recursos al equipo de proyecto.

Champion de Lean Six Sigma: el champion de Lean Six Sigma es un líder que apoya la implementación de Lean Six Sigma en la organización y actúa como un defensor de la metodología.

Black Belt: el Black Belt es un experto en Lean Six Sigma que lidera proyectos complejos y trabaja con otros miembros del equipo para implementar soluciones.

Green Belt: el Green Belt es un miembro del equipo de proyecto que trabaja en proyectos menos complejos y proporciona soporte al Black Belt.

Yellow Belt: el Yellow Belt es un miembro del equipo de proyecto que tiene conocimientos básicos de Lean Six Sigma y puede ayudar con tareas específicas en un proyecto.

Equipo de proyecto: el equipo de proyecto está compuesto por personas de diferentes áreas de la organización que trabajan juntas para lograr los objetivos del proyecto. Cada miembro del equipo de proyecto tiene un rol específico y responsabilidades asignadas.

Es importante tener en cuenta que la implementación de Lean Six Sigma requiere un cambio cultural en la organización. Todos los empleados deben estar dispuestos a aprender y adaptarse a los nuevos procesos y técnicas. Los líderes de la organización deben proporcionar un ambiente de apoyo y motivación para asegurar el éxito de la implementación.

Beneficios de Lean Six Sigma

La implementación de Lean Six Sigma puede proporcionar una serie de beneficios para una organización. A continuación, se presentan algunos de los beneficios comunes de Lean Six Sigma:

Reducción de costos: la eliminación de residuos y la reducción de la variación en los procesos pueden ayudar a reducir los costos de producción y mejorar la eficiencia de la organización.

Mejora de la calidad: al reducir la variación en los procesos, la organización puede producir productos y servicios de mayor calidad que satisfagan mejor las necesidades de los clientes.

Aumento de la satisfacción del cliente: la mejora de la calidad y la eficiencia pueden aumentar la satisfacción del cliente y mejorar la imagen de la organización.

Aumento de la productividad: la eliminación de residuos y la reducción de la variación en los procesos pueden aumentar la productividad de la organización.

Mayor capacidad de innovación: al mejorar la eficiencia y la calidad, la organización puede dedicar más recursos a la innovación y el desarrollo de nuevos productos y servicios.

Mejora de la cultura organizacional: la implementación de Lean Six Sigma puede mejorar la cultura organizacional al fomentar la colaboración, la innovación y el aprendizaje continuo.

Conclusión

En resumen, Lean Six Sigma es una metodología poderosa que puede ayudar a las organizaciones a mejorar la eficiencia, reducir los costos y mejorar la calidad de sus productos y servicios. La metodología se basa en la eliminación de residuos y la reducción de la variación en los procesos, y utiliza una variedad de herramientas y técnicas para lograr estos objetivos.

Para implementar con éxito Lean Six Sigma en una organización, es importante asignar roles y responsabilidades claros a los empleados y líderes de la empresa. Además, la implementación de Lean Six Sigma requiere un cambio cultural en la organización, y todos los empleados deben estar dispuestos a aprender y adaptarse a los nuevos procesos y técnicas.

Los beneficios de Lean Six Sigma incluyen la reducción de costos, la mejora de la calidad, el aumento de la satisfacción del cliente, el aumento de la productividad, la capacidad de innovación y la mejora de la cultura organizacional.

En última instancia, la implementación de Lean Six Sigma puede ayudar a las organizaciones a lograr una ventaja competitiva en el mercado y mejorar su posición en la industria.

ROLES Y RESPONSABILIDADES DE UN EQUIPO DE LEAN SIX SIGMA

Lean Six Sigma es una metodología de mejora continua que se enfoca en la eliminación de desperdicios y la reducción de variabilidad en los procesos. Esta metodología se basa en la colaboración entre equipos de trabajo que están dirigidos por líderes de proyectos y apoyados por expertos en análisis de datos y herramientas estadísticas. En este capítulo se describen los roles y responsabilidades de los miembros de un equipo de Lean Six Sigma, incluyendo los líderes de proyectos y los miembros del equipo. También se discute el papel de los expertos en análisis de datos y herramientas estadísticas.

Roles y responsabilidades de un líder de proyecto

El líder de proyecto es el responsable de dirigir el equipo de Lean Six Sigma para lograr los objetivos del proyecto. Sus principales responsabilidades son las siguientes:

Definir el alcance del proyecto: El líder de proyecto debe definir el alcance del proyecto de manera clara y concisa, para que todos los miembros del equipo tengan una comprensión común de lo que se espera lograr. El alcance del proyecto debe incluir los objetivos, las metas y los plazos.

Identificar el equipo: El líder de proyecto debe seleccionar a los miembros del equipo adecuados para el proyecto. Los miembros del equipo deben tener habilidades y conocimientos complementarios que les permitan trabajar de manera efectiva juntos.

Facilitar la comunicación: El líder de proyecto debe facilitar la comunicación entre los miembros del equipo y otros interesados en el proyecto. La comunicación debe ser clara y efectiva, y el líder de proyecto debe asegurarse de que todos los miembros del equipo estén alineados en cuanto a los objetivos del proyecto.

Establecer un plan de proyecto: El líder de proyecto debe establecer un plan de proyecto que incluya las tareas, los plazos y los recursos necesarios para lograr los objetivos del proyecto. El plan de proyecto debe ser realista y tener en cuenta los recursos disponibles y las limitaciones.

Dirigir el equipo: El líder de proyecto debe dirigir el equipo de manera efectiva, motivando a los miembros del equipo y asegurándose de que se cumplan los plazos y los objetivos del proyecto. El líder de proyecto también debe asegurarse de que los miembros del equipo estén trabajando juntos de manera efectiva.

Medir y monitorear el progreso del proyecto: El líder de proyecto debe medir y monitorear el progreso del proyecto en relación con los plazos y los objetivos establecidos. El líder de proyecto debe identificar y abordar cualquier problema que pueda impedir el éxito del proyecto.

Presentar los resultados del proyecto: El líder de proyecto debe presentar los resultados del proyecto a los interesados en el proyecto. La presentación debe ser clara y concisa, y debe destacar los logros y las lecciones aprendidas durante el proyecto.

Roles y responsabilidades de los miembros del equipo Los miembros del equipo son responsables de realizar las tareas asignadas por el líder de proyecto y de trabajar juntos para lograr los objetivos del proyecto. Sus principales responsabilidades son las siguientes:

Contribuir al plan de proyecto: Los miembros del equipo deben contribuir al plan de proyecto establecido por el líder de proyecto. Los miembros del equipo deben asegurarse de que sus tareas estén alineadas con los objetivos del proyecto y deben informar al líder de proyecto si encuentran problemas o desafíos que puedan afectar el progreso del proyecto.

Realizar las tareas asignadas: Los miembros del equipo deben realizar las tareas asignadas por el líder de proyecto en el plazo establecido y de manera efectiva. Los miembros del equipo deben asegurarse de que sus tareas estén completas y bien documentadas.

Trabajar en equipo: Los miembros del equipo deben trabajar juntos de manera efectiva y colaborativa. Los miembros del equipo deben comunicarse de manera efectiva y resolver cualquier problema o conflicto de manera rápida y efectiva.

Identificar y abordar problemas: Los miembros del equipo deben identificar y abordar cualquier problema o desafío que puedan impedir el progreso del proyecto. Los miembros del equipo deben trabajar juntos para encontrar soluciones y tomar medidas correctivas.

Proporcionar datos y análisis: Los miembros del equipo deben proporcionar datos y análisis relevantes para apoyar el proyecto. Los miembros del equipo deben asegurarse de que los datos y análisis sean precisos y estén bien documentados.

Participar en la presentación de resultados: Los miembros del equipo deben participar en la presentación de resultados del proyecto. Los miembros del equipo deben estar preparados para presentar su trabajo y responder preguntas relacionadas con el proyecto.

Roles y responsabilidades de los expertos en análisis de datos y herramientas estadísticas Los expertos en análisis de datos y herramientas estadísticas son responsables de proporcionar asesoramiento y apoyo técnico al líder de proyecto y a los miembros del equipo. Sus principales responsabilidades son las siguientes:

Identificar y aplicar herramientas estadísticas: Los expertos en análisis de datos deben identificar y aplicar herramientas estadísticas relevantes para el proyecto. Los expertos en análisis de datos deben asegurarse de que las herramientas estadísticas sean aplicadas de manera efectiva y adecuada.

Proporcionar análisis de datos: Los expertos en análisis de datos deben proporcionar análisis de datos relevantes para apoyar el proyecto. Los expertos en análisis de datos deben asegurarse de que los análisis sean precisos y estén bien documentados.

Proporcionar asesoramiento técnico: Los expertos en análisis de datos deben proporcionar asesoramiento técnico al líder de proyecto y a los miembros del equipo. Los expertos en análisis de datos deben asegurarse de que el líder de proyecto y los miembros del equipo comprendan la aplicación de las herramientas estadísticas y los análisis de datos.

Participar en la presentación de resultados: Los expertos en análisis de datos deben participar en la presentación de resultados del proyecto. Los expertos en análisis de datos deben estar preparados para presentar su trabajo y responder preguntas relacionadas con el proyecto.

Conclusión

En resumen, los roles y responsabilidades de los miembros de un equipo de Lean Six Sigma son críticos para el éxito del proyecto. El líder de proyecto es responsable de dirigir el equipo y asegurarse de que se cumplan los objetivos del proyecto. Los miembros del equipo deben trabajar juntos de manera efectiva y completar las tareas asignadas. Los expertos en análisis de datos y herramientas estadísticas son responsables de proporcionar asesoramiento y apoyo técnico al líder de proyecto y a los miembros del equipo.

SELECCIÓN DE PROYECTOS LEAN SIX SIGMA

La selección de proyectos es una etapa fundamental en el proceso de implementación de Lean Six Sigma (LSS). En esta etapa se identifican los problemas críticos que afectan la calidad, los costos y los tiempos de entrega en una organización, se priorizan los proyectos que generan mayor impacto y se definen los objetivos de mejora. El éxito de la implementación de LSS depende en gran medida de la selección adecuada de proyectos.

En este capítulo se describe el proceso de selección de proyectos LSS, se presentan las herramientas y técnicas que se utilizan para la identificación y priorización de proyectos, se discuten los criterios de selección y se presentan algunos ejemplos prácticos.

Proceso de Selección de Proyectos LSS

El proceso de selección de proyectos LSS consta de varias etapas que se describen a continuación:

Identificación de problemas críticos: La primera etapa en el proceso de selección de proyectos es identificar los problemas críticos que afectan la calidad, los costos y los tiempos de entrega en una organización. Estos problemas se pueden identificar mediante diversas herramientas y técnicas, como el análisis de datos, el análisis de procesos, el análisis de causa raíz, entre otros.

Priorización de proyectos: Una vez que se han identificado los problemas críticos, es necesario priorizar los proyectos que generan mayor impacto en la organización. Para ello, se pueden utilizar diversas herramientas y técnicas, como la matriz de priorización, el análisis de costo-beneficio, el análisis de riesgos, entre otros.

Definición de objetivos de mejora: Una vez que se han priorizado los proyectos, es necesario definir los objetivos de mejora para cada proyecto seleccionado. Estos objetivos deben ser específicos, medibles, alcanzables, relevantes y oportunos (SMART, por sus siglas en inglés). Los objetivos de mejora deben estar alineados con la estrategia de la organización y deben contribuir a la mejora de los indicadores clave de desempeño (KPI, por sus siglas en inglés).

Selección de equipo de trabajo: Una vez que se han definido los objetivos de mejora, es necesario seleccionar un equipo de trabajo para cada proyecto seleccionado. Este equipo debe estar formado por personas con habilidades y conocimientos específicos para abordar el problema identificado y lograr los objetivos de mejora definidos.

Herramientas y Técnicas para la Identificación y Priorización de Proyectos

Existen diversas herramientas y técnicas que se pueden utilizar para la identificación y priorización de proyectos LSS. A continuación, se describen algunas de las más comunes:

Análisis de datos: El análisis de datos es una herramienta clave en la identificación de problemas críticos en una organización. Se pueden utilizar diversas técnicas estadísticas, como el análisis de varianza, el análisis de regresión, el análisis de tendencias, entre otros, para identificar patrones y tendencias en los datos que indiquen la presencia de problemas críticos.

Análisis de procesos: El análisis de procesos se utiliza para identificar problemas críticos en los procesos productivos o de servicios. Se pueden utilizar diversas herramientas, como el diagrama de flujo, el mapa de procesos, el análisis de valor agregado, entre otros, para identificar cuellos de botella, ineficiencias y oportunidades de mejora en los procesos.

Análisis de causa raíz: El análisis de causa raíz se utiliza para identificar las causas subyacentes de los problemas críticos. Se pueden utilizar diversas herramientas, como el diagrama de Ishikawa, el análisis de los 5 porqués, entre otros, para identificar las causas raíz de los problemas.

Matriz de priorización: La matriz de priorización es una herramienta que permite comparar diferentes proyectos y priorizarlos en función de su impacto en la organización y su factibilidad de implementación. Se pueden utilizar diversos criterios, como el impacto en la calidad, el impacto en los costos, el impacto en los tiempos de entrega, la complejidad de implementación, entre otros, para comparar y priorizar los proyectos.

Análisis de costo-beneficio: El análisis de costo-beneficio se utiliza para evaluar la rentabilidad de los proyectos. Se comparan los costos de implementación con los beneficios esperados y se determina si el proyecto es rentable. Esta herramienta es especialmente útil para evaluar proyectos de mejora que implican grandes inversiones.

Análisis de riesgos: El análisis de riesgos se utiliza para evaluar los riesgos asociados a los proyectos de mejora. Se identifican los riesgos potenciales, se evalúa su probabilidad de ocurrencia y su impacto en el proyecto, y se definen planes de contingencia para minimizar los riesgos.

Criterios de Selección de Proyectos LSS

Para seleccionar los proyectos LSS adecuados, es necesario tener en cuenta diversos criterios, como los siguientes:

Impacto en la organización: Los proyectos seleccionados deben tener un impacto significativo en la organización. Se deben priorizar los proyectos que generan mayor impacto en la calidad, los costos y los tiempos de entrega.

Factibilidad de implementación: Los proyectos seleccionados deben ser factibles de implementar. Se deben tener en cuenta factores como la complejidad de implementación, la disponibilidad de recursos y el tiempo requerido para implementar el proyecto.

Alineación con la estrategia de la organización: Los proyectos seleccionados deben estar alineados con la estrategia de la organización. Se deben priorizar los proyectos que contribuyen a la consecución de los objetivos estratégicos de la organización.

Rentabilidad: Los proyectos seleccionados deben ser rentables. Se deben evaluar los costos de implementación y los beneficios esperados y seleccionar los proyectos que tienen una rentabilidad adecuada.

Ejemplos Prácticos

A continuación, se presentan algunos ejemplos prácticos de selección de proyectos LSS:

Reducción de los tiempos de entrega: En una empresa de manufactura, los tiempos de entrega de los productos son largos y poco predecibles. Se realiza un análisis de proceso y se identifican diversas ineficiencias en el proceso de producción. Se selecciona un proyecto para reducir los tiempos de entrega mediante la implementación de mejoras en el proceso de producción. Se definen objetivos SMART para el proyecto, se selecciona un equipo de trabajo y se implementan las mejoras identificadas en el análisis de proceso.

Mejora de la calidad del producto: En una empresa de servicios de tecnología, se ha identificado una alta tasa de errores en el proceso de desarrollo de software. Se realiza un análisis de proceso y se identifican diversas ineficiencias en el proceso de desarrollo de software. Se selecciona un proyecto para mejorar la calidad del producto mediante la implementación de mejoras en el proceso de desarrollo de software. Se definen objetivos SMART para el proyecto, se selecciona un equipo de trabajo y se implementan las mejoras identificadas en el análisis de proceso.

Reducción de costos: En una empresa de servicios financieros, los costos de operación son muy altos. Se realiza un análisis de proceso y se identifican diversas ineficiencias en los procesos de operación. Se selecciona un proyecto para reducir los costos mediante la implementación de mejoras en los procesos de operación. Se definen objetivos SMART para el proyecto, se selecciona un equipo de trabajo y se implementan las mejoras identificadas en el análisis de proceso.

Conclusión

La selección adecuada de proyectos LSS es fundamental para el éxito de cualquier iniciativa de mejora continua en una organización. Para seleccionar los proyectos adecuados, es necesario realizar un análisis riguroso de los procesos, identificar las ineficiencias y oportunidades de mejora, y evaluar los criterios de selección adecuados. Además, es importante definir objetivos SMART, seleccionar un equipo de trabajo capacitado y comprometido, y asegurarse de contar con los recursos necesarios para la implementación del proyecto. Al seguir estas mejores prácticas, las organizaciones pueden mejorar su desempeño, aumentar su rentabilidad y fortalecer su posición en el mercado.

DEFINICIÓN Y MEDICIÓN DE PROBLEMAS

El Lean Six Sigma es un enfoque de gestión que se centra en la eliminación de desperdicios y la reducción de variaciones en los procesos de una empresa. Para ello, se utilizan herramientas y técnicas específicas que ayudan a identificar y solucionar problemas en la organización. En este capítulo, se abordará la definición y medición de problemas en Lean Six Sigma, lo que es fundamental para el éxito de cualquier iniciativa de mejora continua.

Definición de problemas en Lean Six Sigma

Antes de abordar la definición de problemas en Lean Six Sigma, es importante entender que la palabra "problema" puede tener diferentes significados según la cultura empresarial y el contexto. En Lean Six Sigma, un problema se define como cualquier situación que impide a una empresa cumplir con sus objetivos o que causa insatisfacción en los clientes. En otras palabras, un problema es cualquier brecha entre lo que se espera de un proceso y lo que realmente se obtiene.

Los problemas en Lean Six Sigma se clasifican en tres categorías principales: problemas crónicos, problemas agudos y oportunidades de mejora. Los problemas crónicos son aquellos que ocurren de manera constante y tienen un impacto significativo en el rendimiento de la empresa. Los problemas agudos, por otro lado, son aquellos que surgen de manera imprevista y requieren una acción inmediata para evitar daños mayores. Por último, las oportunidades de mejora son situaciones en las que se identifica un potencial para mejorar un proceso, pero no hay un problema real que deba ser solucionado.

Medición de problemas en Lean Six Sigma

Una vez que se ha definido un problema en Lean Six Sigma, es importante medirlo para entender su impacto en el rendimiento de la empresa y establecer un punto de partida para la mejora. La medición de problemas se realiza a través de diferentes técnicas y herramientas, que varían según el tipo de problema y la industria en la que se encuentra la empresa.

En general, la medición de problemas en Lean Six Sigma se lleva a cabo en tres fases: medición del problema actual, análisis de la causa raíz y medición del impacto de la solución. A continuación, se detallan cada una de estas fases.

Medición del problema actual

La medición del problema actual es la primera fase en la medición de problemas en Lean Six Sigma. En esta fase, se recopilan datos para entender el impacto del problema en el rendimiento de la empresa. Los datos se pueden recopilar de diferentes fuentes, como el sistema de gestión de calidad, el sistema de información de la empresa, las encuestas a clientes y empleados, entre otros.

Una herramienta comúnmente utilizada en esta fase es el diagrama de Pareto, que ayuda a identificar los problemas que tienen un impacto significativo en el rendimiento de la empresa. El diagrama de Pareto se construye ordenando los problemas de mayor a menor impacto y graficando la frecuencia de cada problema en un eje y la acumulación del impacto en el otro eje.

Análisis de la causa raíz

Una vez que se ha medido el problema actual, se procede al análisis de la causa raíz. En esta fase, se busca identificar las causas subyacentes del problema para poder abordarlas de manera efectiva. El análisis de la causa raíz se puede realizar utilizando diferentes herramientas, como el análisis de los 5 porqués, que consiste en hacerse preguntas sucesivas sobre el problema hasta llegar a su causa raíz. También se pueden utilizar herramientas más avanzadas como el diagrama de espina de pescado o diagrama Ishikawa, que ayudan a identificar diferentes causas del problema y agruparlas en categorías.

Una vez identificadas las causas raíz del problema, se puede utilizar un enfoque de análisis de costo-beneficio para determinar la mejor solución a implementar. Este enfoque compara el costo de implementar la solución con los beneficios que se obtendrán, para asegurarse de que la solución elegida sea rentable.

Medición del impacto de la solución

La última fase en la medición de problemas en Lean Six Sigma es la medición del impacto de la solución. Una vez que se ha implementado la solución, se deben medir los resultados para asegurarse de que el problema se ha resuelto de manera efectiva y que se han obtenido mejoras en el rendimiento de la empresa.

La medición del impacto de la solución se realiza utilizando los mismos indicadores que se utilizaron en la medición del problema actual. Si se han recopilado datos suficientes durante la fase de medición del problema actual, se pueden comparar los datos antes y después de la implementación de la solución para determinar el impacto de la mejora.

Conclusiones

La definición y medición de problemas en Lean Six Sigma es fundamental para el éxito de cualquier iniciativa de mejora continua en una empresa. La definición de problemas permite a la empresa identificar brechas entre lo que se espera de un proceso y lo que realmente se obtiene, mientras que la medición de problemas ayuda a establecer un punto de partida para la mejora y a medir el impacto de la solución.

La medición de problemas en Lean Six Sigma se lleva a cabo en tres fases: medición del problema actual, análisis de la causa raíz y medición del impacto de la solución. Cada una de estas fases utiliza diferentes herramientas y técnicas para lograr su objetivo, lo que permite un enfoque estructurado y eficiente para la solución de problemas.

En resumen, la definición y medición de problemas en Lean Six Sigma son herramientas poderosas para cualquier empresa que busque mejorar su rendimiento y reducir costos. Al utilizar estas herramientas de manera efectiva, una empresa puede identificar y solucionar problemas de manera proactiva, lo que la lleva a ser más eficiente y competitiva en el mercado.

ANÁLISIS DE DATOS Y HERRAMIENTAS ESTADÍSTICAS

En los últimos años, la utilización de herramientas y metodologías para el análisis de datos se ha convertido en una práctica común en las empresas que buscan mejorar su eficiencia y eficacia. Una de estas metodologías es Lean Six Sigma, la cual se enfoca en mejorar los procesos empresariales a través de la eliminación de desperdicios y la reducción de variabilidad en la producción.

En este capítulo, se abordará el análisis de datos y las herramientas estadísticas que se utilizan en Lean Six Sigma para mejorar la calidad de los procesos empresariales. Se explicará en detalle cómo se pueden utilizar estas herramientas para identificar los problemas en un proceso y cómo se pueden aplicar para reducir la variabilidad y mejorar la eficiencia en la producción.

Análisis de datos en Lean Six Sigma

El análisis de datos es una parte fundamental de Lean Six Sigma, ya que permite identificar los problemas en un proceso y encontrar soluciones para mejorar la calidad y eficiencia. En este proceso, se utilizan herramientas y técnicas estadísticas para analizar los datos y encontrar patrones que permitan tomar decisiones informadas sobre cómo mejorar el proceso.

La recopilación de datos es la primera etapa del análisis de datos en Lean Six Sigma. Los datos se pueden recopilar de diferentes maneras, incluyendo la observación directa del proceso, la revisión de registros y la realización de encuestas. Una vez que se han recopilado los datos, se pueden analizar utilizando diferentes técnicas estadísticas.

Una técnica común utilizada en Lean Six Sigma para analizar datos es el análisis de Pareto. Esta técnica se utiliza para identificar los problemas más comunes en un proceso y determinar las causas raíz de estos problemas. El análisis de Pareto se basa en el principio del 80/20, es decir, que el 80% de los problemas son causados por el 20% de las causas. Por lo tanto, al identificar y abordar estas causas raíz, se pueden solucionar la mayoría de los problemas en un proceso.

Otra técnica utilizada en el análisis de datos en Lean Six Sigma es el análisis de correlación. Esta técnica se utiliza para identificar la relación entre dos variables en un proceso. Por ejemplo, si se sospecha que la velocidad de producción está relacionada con el número de errores en el proceso, se puede utilizar el análisis de correlación para determinar si hay una relación entre estas dos variables. Si se encuentra una correlación positiva, es decir, que a medida que aumenta la velocidad de producción, aumentan los errores, entonces se puede tomar medidas para reducir la velocidad de producción y mejorar la calidad del proceso.

El análisis de regresión es otra técnica estadística utilizada en Lean Six Sigma para analizar datos. Esta técnica se utiliza para predecir el valor de una variable en función de otras variables. Por ejemplo, si se quiere predecir el número de productos defectuosos producidos en una semana, se puede utilizar el análisis de regresión para determinar si hay una relación entre el número de horas de trabajo y el número de productos defectuosos producidos. Si se encuentra una relación significativa, se pueden tomar medidas para reducir las horas de trabajo y mejorar la calidad del proceso.

Otras técnicas utilizadas en el análisis de datos en Lean Six Sigma incluyen el análisis de varianza, el análisis de series temporales y el análisis de capacidad. Estas técnicas permiten analizar los datos de diferentes maneras para identificar patrones y tendencias en el proceso, lo que puede ayudar a tomar decisiones informadas sobre cómo mejorar la calidad y eficiencia.

Herramientas estadísticas en Lean Six Sigma

Además de las técnicas estadísticas mencionadas anteriormente, Lean Six Sigma utiliza una serie de herramientas específicas para analizar datos y mejorar los procesos empresariales. A continuación, se describen algunas de estas herramientas.

Diagrama de Ishikawa

El diagrama de Ishikawa, también conocido como diagrama de espina de pescado o diagrama de causa-efecto, es una herramienta utilizada en Lean Six Sigma para identificar las causas raíz de un problema en un proceso. El diagrama se utiliza para visualizar las diferentes causas que pueden contribuir a un problema y para determinar cuáles son las más importantes. Las causas se agrupan en diferentes categorías, como mano de obra, maquinaria, materiales, métodos, entorno y medición. El diagrama de Ishikawa permite analizar el problema de manera estructurada y encontrar soluciones para resolverlo.

Diagrama de flujo

El diagrama de flujo es otra herramienta utilizada en Lean Six Sigma para analizar un proceso y determinar las áreas donde se pueden mejorar la eficiencia y la calidad. El diagrama se utiliza para visualizar el flujo del proceso, desde la entrada de materiales hasta la salida del producto final. Cada etapa del proceso se representa con un símbolo y se conecta con flechas para indicar el flujo del proceso. El diagrama de flujo permite identificar las áreas donde se pueden reducir los desperdicios y mejorar la eficiencia en el proceso.

Gráfico de control

El gráfico de control es una herramienta utilizada en Lean Six Sigma para monitorear un proceso y detectar cualquier cambio que pueda indicar una variabilidad en el proceso. El gráfico se utiliza para visualizar los datos del proceso a lo largo del tiempo y para determinar si los datos se encuentran dentro de los límites de control establecidos. Si los datos se desvían de los límites de control, se pueden tomar medidas para corregir el proceso y mejorar la calidad y eficiencia.

Matriz de correlación

La matriz de correlación es una herramienta utilizada en Lean Six Sigma para visualizar la relación entre múltiples variables en un proceso. La matriz se utiliza para visualizar la correlación entre las diferentes variables y para determinar cuáles son las variables más importantes en el proceso. La matriz de correlación permite identificar las variables que deben ser monitoreadas y controladas para mejorar la calidad y eficiencia en el proceso.

Análisis de capacidad

El análisis de capacidad es una herramienta utilizada en Lean Six Sigma para determinar la capacidad de un proceso para cumplir con las especificaciones del cliente. El análisis se utiliza para comparar la variabilidad del proceso con las especificaciones del cliente y para determinar si el proceso está produciendo productos dentro de las especificaciones. Si el proceso no cumple con las especificaciones del cliente, se pueden tomar medidas para reducir la variabilidad y mejorar la calidad del proceso.

Conclusiones

En conclusión, el análisis de datos y las herramientas estadísticas son fundamentales en Lean Six Sigma para mejorar la calidad y eficiencia en los procesos empresariales. Las diferentes técnicas estadísticas y herramientas permiten identificar las causas raíz de los problemas, reducir la variabilidad del proceso, optimizar la eficiencia y mejorar la satisfacción del cliente.

Es importante destacar que para implementar con éxito Lean Six Sigma, es necesario contar con un equipo altamente capacitado en la aplicación de estas técnicas y herramientas estadísticas. Además, es fundamental que la organización tenga un enfoque centrado en el cliente y en la mejora continua de los procesos.

En resumen, el análisis de datos y las herramientas estadísticas son un componente clave en Lean Six Sigma y son esenciales para la identificación y solución de problemas, reducción de la variabilidad y mejora de la eficiencia en los procesos empresariales. Si se aplican correctamente, estas técnicas pueden ayudar a las organizaciones a mejorar su rendimiento y a mantenerse competitivas en el mercado.

MEJORA DE PROCESOS UTILIZANDO LEAN SIX SIGMA

La mejora de procesos es un aspecto crítico de la gestión empresarial y la competitividad en el mercado actual. Los procesos empresariales ineficientes y poco efectivos pueden causar retrasos, errores, insatisfacción del cliente y pérdida de oportunidades de negocio. Por lo tanto, es importante que las empresas implementen estrategias y metodologías para mejorar continuamente sus procesos y aumentar su eficiencia y eficacia.

En este capítulo, se discutirá la metodología Lean Six Sigma (LSS) como una herramienta efectiva para la mejora de procesos. Se explicará en qué consiste LSS, cómo se aplica en la mejora de procesos, y se proporcionarán algunos ejemplos de cómo LSS ha sido implementado con éxito en diferentes empresas y organizaciones.

Qué es Lean Six Sigma

Lean Six Sigma (LSS) es una metodología que combina dos enfoques: Lean y Six Sigma. Lean se enfoca en la eliminación de desperdicios y mejora de la eficiencia, mientras que Six Sigma se enfoca en la mejora de la calidad y la reducción de la variabilidad. Juntos, estos enfoques ofrecen una metodología integral para la mejora de procesos empresariales.

La metodología LSS se basa en el ciclo PDCA (Plan-Do-Check-Act), que es un enfoque sistemático para la mejora continua de procesos. En este ciclo, primero se planifica el proceso, se ejecuta, se verifica el resultado y se toman medidas correctivas para mejorar el proceso. La metodología LSS utiliza herramientas y técnicas específicas en cada etapa del ciclo PDCA para lograr una mejora continua.

Aplicación de Lean Six Sigma en la mejora de procesos

La aplicación de la metodología LSS en la mejora de procesos implica una serie de pasos. A continuación, se describen los pasos típicos de la aplicación de LSS en la mejora de procesos:

Definición del problema: El primer paso en la aplicación de LSS es definir el problema. Es importante tener una comprensión clara del problema y cómo afecta el proceso empresarial. En este paso, se identifica el problema y se establecen los objetivos de mejora.

Medición: En esta etapa, se recopilan datos para comprender el proceso actual y determinar su rendimiento. Se utilizan herramientas como el análisis de flujo de valor, la medición de tiempos y la evaluación de la satisfacción del cliente para identificar los puntos débiles del proceso.

Análisis: En esta etapa, se analizan los datos recopilados para identificar las causas raíz del problema. Se utilizan herramientas como el diagrama de Ishikawa y el análisis de Pareto para identificar las causas principales del problema.

Mejora: En esta etapa, se desarrollan soluciones para abordar las causas raíz del problema. Se utilizan herramientas como el diseño de experimentos y la matriz de selección de soluciones para desarrollar y seleccionar las soluciones más efectivas.

Control: En esta etapa, se implementan las soluciones desarrolladas y se monitorea el proceso para asegurar que se mantenga en un estado de mejora continua. Se utilizan herramientas como los gráficos de control y la auditoría de procesos para asegurarse de que el proceso esté funcionando de manera efectiva y se mantenga dentro de los límites establecidos.

Ejemplos de aplicación de Lean Six Sigma en la mejora de procesos

A continuación, se presentan algunos ejemplos de cómo la metodología LSS ha sido implementada con éxito en diferentes empresas y organizaciones:

General Electric: GE ha sido uno de los líderes en la implementación de LSS. Han implementado LSS en toda la organización, desde la fabricación hasta los servicios financieros. Como resultado, han logrado reducir costos, mejorar la calidad y aumentar la satisfacción del cliente.

Ford: Ford ha utilizado LSS para mejorar sus procesos de fabricación de automóviles. Han logrado reducir el tiempo de ciclo en la producción de vehículos, reducir los defectos y mejorar la eficiencia de los procesos.

American Express: American Express ha utilizado LSS para mejorar su proceso de servicio al cliente. Han logrado reducir el tiempo de respuesta a los clientes, mejorar la satisfacción del cliente y reducir los costos de servicio.

Amazon: Amazon ha utilizado LSS para mejorar su proceso de gestión de inventario y entrega de productos. Han logrado reducir el tiempo de entrega de los productos, reducir el inventario no vendido y mejorar la eficiencia en la gestión de almacenes.

Conclusiones

La metodología Lean Six Sigma es una herramienta efectiva para la mejora continua de procesos empresariales. La combinación de Lean y Six Sigma permite una aproximación integral a la mejora de procesos, enfocándose tanto en la eficiencia como en la calidad. La aplicación de LSS en la mejora de procesos empresariales implica una serie de pasos que permiten una mejora continua y sistemática. Además, la metodología LSS ha sido implementada con éxito en diferentes empresas y organizaciones, lo que demuestra su efectividad en la mejora de procesos empresariales. En resumen, la metodología LSS es una herramienta valiosa para las empresas que buscan mejorar continuamente sus procesos y aumentar su competitividad en el mercado actual.

MÉTODOS DE CONTROL Y ASEGURAMIENTO DE CALIDAD EN LEAN SIX SIGMA

El control y aseguramiento de calidad son aspectos críticos en cualquier proceso de mejora continua, y no es diferente en Lean Six Sigma. Los métodos utilizados para controlar y asegurar la calidad son esenciales para garantizar que los resultados sean consistentes, confiables y estén alineados con los objetivos del proyecto. En este capítulo, exploraremos los métodos utilizados en Lean Six Sigma para el control y aseguramiento de calidad, incluyendo el control estadístico de procesos, el análisis de capacidad, la validación de medidas, la gestión de cambios y la revisión de procesos.

Control Estadístico de Procesos

El control estadístico de procesos (CEP) es un método utilizado para monitorear y controlar la variabilidad en un proceso. El CEP es una herramienta clave en Lean Six Sigma, ya que permite la identificación temprana de problemas en el proceso y la toma de medidas correctivas antes de que se produzcan problemas mayores. El CEP se basa en la recopilación y análisis de datos del proceso, utilizando gráficos de control para identificar cualquier variación que pueda estar fuera de los límites aceptables.

Existen varios tipos de gráficos de control que se utilizan en Lean Six Sigma, incluyendo gráficos de control de media y rango (Xbar-R), gráficos de control de media y desviación estándar (Xbar-S) y gráficos de control por atributos. Los gráficos de control se utilizan para monitorear las variables clave del proceso y para determinar si el proceso está dentro de los límites aceptables de variabilidad. Si se detecta alguna variación que esté fuera de los límites aceptables, se deben tomar medidas correctivas para corregir el problema.

El análisis de Capacidad

El análisis de capacidad es un método utilizado para determinar si un proceso es capaz de cumplir con las especificaciones del cliente. El análisis de capacidad se utiliza para evaluar la capacidad del proceso para producir productos o servicios dentro de los límites especificados. El análisis de capacidad se basa en el uso de datos estadísticos para determinar la capacidad del proceso, lo que permite la identificación temprana de problemas en el proceso y la toma de medidas correctivas para mejorar la capacidad del proceso.

Existen varios índices de capacidad que se utilizan en Lean Six Sigma, incluyendo el índice de capacidad del proceso (Cp), el índice de capacidad del proceso a corto plazo (Cpk) y el índice de capacidad del proceso a largo plazo (Ppk). Estos índices se utilizan para evaluar la capacidad del proceso para producir productos o servicios dentro de los límites especificados. Si el proceso no cumple con los requisitos de capacidad, se deben tomar medidas correctivas para mejorar la capacidad del proceso.

Validación de Medidas

La validación de medidas es un método utilizado para garantizar que las mediciones tomadas en el proceso sean precisas y confiables. La validación de medidas es esencial para garantizar que los resultados del proceso sean confiables y precisos. La validación de medidas se basa en la comparación de las mediciones tomadas con un estándar de referencia conocido.

Existen varios métodos utilizados en Lean Six Sigma para validar las medidas, incluyendo la repetibilidad y reproducibilidad (R&R) y los estudios de linealidad. El R&R se utiliza para evaluar la variación en las mediciones que se deben a la variación en el proceso y en el operador. Los estudios de linealidad se utilizan para evaluar la precisión de las mediciones en un rango específico de valores. Si se detectan problemas con la precisión de las mediciones, se deben tomar medidas correctivas para corregir el problema.

Gestión de Cambios

La gestión de cambios es un método utilizado para garantizar que los cambios en el proceso se realicen de manera controlada y efectiva. La gestión de cambios es esencial para garantizar que los cambios en el proceso no afecten negativamente la calidad del producto o servicio. La gestión de cambios se basa en la identificación de los cambios necesarios, la evaluación del impacto del cambio en el proceso y la implementación controlada del cambio.

Existen varios pasos que se deben seguir en la gestión de cambios, incluyendo la identificación del cambio, la evaluación del impacto del cambio, la aprobación del cambio y la implementación controlada del cambio. Si se detectan problemas con el cambio, se deben tomar medidas correctivas para corregir el problema.

Revisión de Procesos

La revisión de procesos es un método utilizado para evaluar el rendimiento del proceso y determinar si se están cumpliendo los objetivos del proyecto. La revisión de procesos se utiliza para identificar áreas que requieren mejora y para determinar si se están utilizando los métodos correctos para controlar y asegurar la calidad del proceso.

La revisión de procesos se basa en la recopilación y análisis de datos del proceso, la comparación de los resultados con los objetivos del proyecto y la identificación de áreas que requieren mejora. Si se identifican áreas que requieren mejora, se deben tomar medidas correctivas para corregir el problema.

Conclusiones

El control y aseguramiento de calidad son aspectos críticos en cualquier proceso de mejora continua, y no es diferente en Lean Six Sigma. Los métodos utilizados para controlar y asegurar la calidad son esenciales para garantizar que los resultados sean consistentes, confiables y estén alineados con los objetivos del proyecto. En este capítulo, exploramos los métodos utilizados en Lean Six Sigma para el control y aseguramiento de calidad, incluyendo el control estadístico de procesos, el análisis de capacidad, la validación de medidas, la gestión de cambios y la revisión de procesos.

El control estadístico de procesos es una herramienta clave en Lean Six Sigma, ya que permite la identificación temprana de problemas en el proceso y la toma de medidas correctivas antes de que se produzcan problemas mayores. El análisis de capacidad se utiliza para evaluar la capacidad del proceso para producir productos o servicios dentro de los límites especificados. La validación de medidas es esencial para garantizar que los resultados del proceso sean confiables y precisos. La gestión de cambios es esencial para garantizar que los cambios en el proceso no afecten negativamente la calidad del producto o servicio. La revisión de procesos se utiliza para identificar áreas que requieren mejora y para determinar si se están cumpliendo los objetivos del proyecto.

En general, la utilización efectiva de estos métodos de control y aseguramiento de calidad es esencial para garantizar el éxito del proyecto de mejora continua. La identificación temprana de problemas en el proceso y la toma de medidas correctivas para corregirlos puede ahorrar tiempo y recursos valiosos. Además, la evaluación constante del rendimiento del proceso y la identificación de áreas que requieren mejora pueden ayudar a garantizar que los objetivos del proyecto se cumplan de manera eficiente y efectiva.

Es importante destacar que estos métodos no son solo útiles en el contexto de Lean Six Sigma, sino que también se pueden aplicar en una amplia variedad de contextos y proyectos. Al utilizar estos métodos, las organizaciones pueden mejorar la calidad de sus productos y servicios, aumentar la satisfacción del cliente y mejorar la eficiencia y eficacia de sus procesos.

En resumen, el control y aseguramiento de calidad son aspectos esenciales en cualquier proyecto de mejora continua, y Lean Six Sigma no es una excepción. Los métodos utilizados en Lean Six Sigma para controlar y asegurar la calidad, como el control estadístico de procesos, el análisis de capacidad, la validación de medidas, la gestión de cambios y la revisión de procesos, son herramientas valiosas para garantizar que los objetivos del proyecto se cumplan de manera eficiente y efectiva. Al utilizar estos métodos, las organizaciones pueden mejorar la calidad de sus productos y servicios, aumentar la satisfacción del cliente y mejorar la eficiencia y eficacia de sus procesos.

IMPLEMENTACIÓN DE LEAN SIX SIGMA EN UNA ORGANIZACIÓN

La implementación de Lean Six Sigma en una organización es una estrategia popular para mejorar la eficiencia y la calidad de los procesos. Esta metodología combina la filosofía Lean, que se enfoca en eliminar desperdicios y aumentar la eficiencia, y Six Sigma, que se enfoca en reducir la variabilidad y mejorar la calidad. En este capítulo, se discutirán los conceptos básicos de Lean Six Sigma y se explicará cómo se puede implementar esta metodología en una organización.

¿Qué es Lean Six Sigma?

Lean Six Sigma es una metodología de mejora de procesos que combina los principios de Lean y Six Sigma. La filosofía Lean se enfoca en la eliminación de desperdicios y la mejora de la eficiencia, mientras que Six Sigma se enfoca en la reducción de la variabilidad y la mejora de la calidad. La combinación de estos dos enfoques crea una metodología poderosa que puede mejorar significativamente la eficiencia y la calidad de los procesos en una organización.

Beneficios de la implementación de Lean Six Sigma

La implementación de Lean Six Sigma puede proporcionar una serie de beneficios significativos para una organización. Algunos de estos beneficios incluyen:

Reducción de costos: Lean Six Sigma ayuda a identificar y eliminar desperdicios en los procesos, lo que puede resultar en una reducción significativa de costos.

Mejora de la calidad: Six Sigma se enfoca en la reducción de la variabilidad y la mejora de la calidad, lo que puede ayudar a reducir los defectos y mejorar la satisfacción del cliente.

Mayor eficiencia: Lean se enfoca en la mejora de la eficiencia y la eliminación de desperdicios, lo que puede resultar en procesos más rápidos y menos costosos.

Mayor satisfacción del cliente: La mejora de la calidad y la eficiencia pueden resultar en una mayor satisfacción del cliente, lo que puede ser beneficioso para la imagen de marca y las ventas.

Mayor implicación del personal: La implementación de Lean Six Sigma puede involucrar a los empleados en la mejora de los procesos, lo que puede mejorar la moral y el compromiso del personal.

Pasos para la implementación de Lean Six Sigma

La implementación de Lean Six Sigma implica una serie de pasos clave que deben seguirse para asegurar el éxito de la implementación. En este capítulo, se explicarán los pasos básicos que deben seguirse para implementar esta metodología en una organización.

Identificar los procesos clave

El primer paso para la implementación de Lean Six Sigma es identificar los procesos clave en la organización que necesitan mejora. Estos procesos deben seleccionarse cuidadosamente para asegurarse de que la mejora en estos procesos tenga un impacto significativo en la eficiencia y la calidad de la organización en general. Es importante involucrar a los miembros relevantes de la organización en este proceso de selección de procesos clave, ya que tienen una comprensión más profunda de los procesos y pueden proporcionar información valiosa.

Establecer un equipo de proyecto

Una vez que se han identificado los procesos clave, se debe establecer un equipo de proyecto para implementar Lean Six Sigma. Este equipo debe estar formado por miembros de diferentes áreas de la organización que tienen una comprensión profunda de los procesos seleccionados. El líder del equipo debe tener habilidades de liderazgo fuertes y experiencia en la implementación de Lean Six Sigma.

Realizar una evaluación del proceso

El siguiente paso es realizar una evaluación del proceso para comprender mejor los desafíos y las áreas de mejora. Esto puede implicar la recopilación de datos, la realización de entrevistas y el análisis de procesos. Es importante involucrar a los miembros relevantes de la organización en este proceso de evaluación del proceso para garantizar que se comprendan completamente todos los problemas y desafíos.

Establecer objetivos y métricas de mejora

Una vez que se han identificado los desafíos y las áreas de mejora, se deben establecer objetivos y métricas de mejora. Estos objetivos deben ser específicos, medibles, alcanzables, relevantes y oportunos (SMART) y deben reflejar los desafíos identificados en la evaluación del proceso. Las métricas de mejora deben ser utilizadas para medir el progreso hacia los objetivos y proporcionar retroalimentación sobre el éxito de la implementación.

Desarrollar un plan de implementación

El siguiente paso es desarrollar un plan de implementación detallado que incluya las acciones específicas que se deben tomar para alcanzar los objetivos establecidos. Este plan debe incluir un calendario de implementación, un presupuesto y un plan de gestión del cambio para garantizar que todos los miembros de la organización estén preparados para el cambio.

Implementar y monitorear el plan

Una vez que se ha desarrollado el plan de implementación, se debe implementar y monitorear el plan. Es importante involucrar a todo el equipo de proyecto y a otros miembros relevantes de la organización en este proceso de implementación y monitoreo para garantizar que se logren los objetivos establecidos.

Evaluar el éxito de la implementación

Una vez que se ha implementado el plan de implementación, se debe evaluar el éxito de la implementación. Esto puede implicar la realización de una evaluación de seguimiento para medir el progreso hacia los objetivos establecidos y para identificar cualquier área que necesite más mejora. Es importante utilizar las métricas de mejora establecidas en el paso 2.4 para evaluar el éxito de la implementación.

Consejos y sugerencias para la implementación exitosa de Lean Six Sigma

La implementación exitosa de Lean Six Sigma requiere más que simplemente seguir los pasos básicos. En este capítulo, se proporcionarán consejos y sugerencias adicionales para garantizar una implementación exitosa de Lean Six Sigma en una organización.

Obtener el apoyo de la alta dirección

La implementación exitosa de Lean Six Sigma requiere el apoyo de la alta dirección de la organización. Es importante que la alta dirección comprenda los beneficios potenciales de la implementación de Lean Six Sigma y esté comprometida con el proceso de implementación. Esto puede implicar la asignación de recursos financieros y humanos adecuados y la designación de un líder de proyecto experimentado.

Comunicar claramente el proceso de implementación

Es importante que todos los miembros relevantes de la organización comprendan claramente el proceso de implementación de Lean Six Sigma y estén preparados para el cambio. Esto puede implicar la realización de reuniones de información y capacitación para explicar el proceso de implementación y las ventajas potenciales. También es importante proporcionar una comunicación regular y transparente durante todo el proceso de implementación para mantener a los miembros de la organización informados sobre los progresos y los desafíos.

Establecer objetivos alcanzables

Es importante establecer objetivos alcanzables y realistas para la implementación de Lean Six Sigma. Los objetivos deben ser específicos, medibles, alcanzables, relevantes y oportunos (SMART) y deben reflejar los desafíos identificados en la evaluación del proceso. También es importante establecer un plan de acción detallado para alcanzar estos objetivos.

Involucrar a todos los miembros relevantes de la organización

Es importante involucrar a todos los miembros relevantes de la organización en el proceso de implementación de Lean Six Sigma. Esto puede implicar la formación de equipos de proyecto, la realización de entrevistas y la recopilación de comentarios de los miembros de la organización para identificar problemas y desafíos. También es importante proporcionar capacitación y apoyo continuo a todos los miembros de la organización para garantizar que estén preparados para el cambio.

Evaluar regularmente el progreso

Es importante evaluar regularmente el progreso hacia los objetivos establecidos y ajustar el plan de implementación según sea necesario. Esto puede implicar la realización de evaluaciones de seguimiento y la revisión regular de las métricas de mejora para garantizar que se estén logrando los objetivos. También es importante proporcionar retroalimentación y reconocimiento a los miembros de la organización que contribuyen al éxito de la implementación.

Beneficios de la implementación de Lean Six Sigma

La implementación de Lean Six Sigma puede proporcionar numerosos beneficios a una organización. En este capítulo, se discutirán algunos de los principales beneficios de la implementación de Lean Six Sigma.

Mejora de la calidad

Uno de los principales beneficios de la implementación de Lean Six Sigma es la mejora de la calidad de los productos y servicios de la organización. La metodología Lean Six Sigma se centra en la eliminación de defectos y la reducción de la variación en los procesos, lo que puede mejorar significativamente la calidad de los productos y servicios.

Reducción de costos

La implementación de Lean Six Sigma también puede ayudar a una organización a reducir costos al mejorar la eficiencia y la efectividad de los procesos. Al eliminar los procesos ineficientes y reducir la variación en los procesos, una organización puede reducir los costos de producción y mejorar la rentabilidad.

Aumento de la productividad

La mejora de la eficiencia y la efectividad de los procesos también puede conducir a un aumento de la productividad. Al reducir los tiempos de ciclo y mejorar la calidad de los productos y servicios, una organización puede aumentar su capacidad para producir más en menos tiempo.

Mayor satisfacción del cliente

La mejora de la calidad de los productos y servicios y la reducción de los tiempos de ciclo también pueden conducir a una mayor satisfacción del cliente. Los clientes pueden experimentar una mayor satisfacción al recibir productos y servicios de mayor calidad en menos tiempo.

Mejora de la cultura organizacional

La implementación de Lean Six Sigma también puede mejorar la cultura organizacional de una organización. Al involucrar a todos los miembros de la organización en el proceso de mejora continua, se puede fomentar un sentido de propiedad y responsabilidad por la calidad y la eficiencia de los procesos. Esto puede conducir a una cultura organizacional más positiva y colaborativa.

Ventaja competitiva

La implementación de Lean Six Sigma puede proporcionar una ventaja competitiva a una organización al mejorar la calidad, reducir los costos y aumentar la productividad. Las organizaciones que implementan Lean Six Sigma pueden tener una ventaja competitiva sobre las organizaciones que no lo hacen al ofrecer productos y servicios de mayor calidad a precios más competitivos.

Desafíos de la implementación de Lean Six Sigma

Aunque la implementación de Lean Six Sigma puede proporcionar numerosos beneficios, también puede presentar desafíos para una organización. En este capítulo, se discutirán algunos de los principales desafíos de la implementación de Lean Six Sigma.

Resistencia al cambio

Uno de los principales desafíos de la implementación de Lean Six Sigma es la resistencia al cambio por parte de los miembros de la organización. La implementación de Lean Six Sigma puede requerir cambios significativos en la cultura organizacional y los procesos de trabajo, y algunos miembros de la organización pueden resistirse a estos cambios.

Falta de compromiso de la alta dirección

La falta de compromiso de la alta dirección también puede ser un desafío para la implementación de Lean Six Sigma. Si la alta dirección no está comprometida con el proceso de implementación, puede ser difícil obtener los recursos y el apoyo necesarios para el éxito de la implementación.

Falta de habilidades y conocimientos

La falta de habilidades y conocimientos en la metodología Lean Six Sigma también puede ser un desafío para la implementación. Es importante proporcionar la capacitación y el apoyo adecuados a todos los miembros de la organización para garantizar que estén preparados para el cambio.

Falta de recursos financieros y humanos

La falta de recursos financieros y humanos también puede ser un desafío para la implementación de Lean Six Sigma. La implementación de Lean Six Sigma puede requerir una inversión significativa en recursos financieros y humanos, y puede ser difícil obtener los recursos necesarios si la organización tiene recursos limitados.

Conclusión

La implementación de Lean Six Sigma puede proporcionar numerosos beneficios a una organización, incluida la mejora de la calidad, la reducción de costos, el aumento de la productividad, la mayor satisfacción del cliente y la mejora de la cultura organizacional. Sin embargo, la implementación de Lean Six Sigma también puede presentar desafíos, como la resistencia al cambio, la falta de compromiso de la alta dirección, la falta de habilidades y conocimientos y la falta de recursos financieros y humanos.

Para garantizar el éxito de la implementación de Lean Six Sigma, es importante involucrar a todos los miembros de la organización, proporcionar la capacitación y el apoyo adecuados y garantizar el compromiso de la alta dirección. También es importante abordar los desafíos y problemas a medida que surjan para garantizar la continuidad del proceso de mejora continua.

En resumen, la implementación de Lean Six Sigma puede ser un proceso desafiante, pero los beneficios pueden ser significativos para una organización. Al centrarse en la mejora continua y el compromiso de todos los miembros de la organización, una organización puede mejorar su calidad, reducir sus costos, aumentar su productividad y proporcionar una mayor satisfacción al cliente.

COMUNICACIÓN Y LIDERAZGO EN PROYECTOS LEAN SIX SIGMA

La comunicación y el liderazgo son dos elementos esenciales en cualquier proyecto de mejora de procesos, especialmente en el marco del enfoque Lean Six Sigma. La comunicación efectiva es fundamental para asegurar que todas las partes interesadas comprendan los objetivos y las expectativas del proyecto, así como para mantener una comunicación constante y transparente durante todo el proceso. Por otro lado, el liderazgo efectivo es necesario para garantizar que el equipo del proyecto esté alineado en torno a los objetivos comunes y tenga la motivación y las habilidades necesarias para completar el proyecto de manera exitosa. En este capítulo, exploraremos la relación entre la comunicación y el liderazgo en proyectos Lean Six Sigma, y discutiremos algunas estrategias y mejores prácticas para mejorar ambos elementos en el contexto de una organización.

Comunicación en proyectos Lean Six Sigma

La comunicación es fundamental para el éxito de cualquier proyecto, pero es especialmente importante en proyectos Lean Six Sigma, donde los objetivos pueden ser altamente técnicos y los procesos pueden ser complejos. La comunicación efectiva es necesaria para asegurar que todas las partes interesadas, incluidos los líderes de la organización, el equipo del proyecto y los miembros de la comunidad afectada, comprendan los objetivos del proyecto y la forma en que se llevará a cabo. También es importante para mantener una comunicación constante y transparente durante todo el proceso del proyecto.

Una de las formas más efectivas de asegurar una comunicación efectiva en un proyecto Lean Six Sigma es establecer un plan de comunicación detallado y bien estructurado desde el principio. El plan de comunicación debe incluir una descripción de las audiencias clave, los mensajes clave y los canales de comunicación que se utilizarán para llegar a cada audiencia. También debe establecer claramente los objetivos de comunicación del proyecto y el calendario de las actividades de comunicación que se llevarán a cabo.

Además, es importante que los líderes del proyecto y los miembros del equipo de proyecto se comuniquen abierta y regularmente. Esto puede incluir reuniones periódicas de equipo, actualizaciones de estado regulares y una comunicación abierta y transparente sobre los desafíos y las oportunidades que surgen durante el proyecto.

Otra estrategia efectiva para mejorar la comunicación en proyectos Lean Six Sigma es utilizar herramientas de visualización de datos para comunicar los resultados del proyecto. Las herramientas de visualización de datos pueden ayudar a los miembros del equipo del proyecto y a las partes interesadas a comprender los resultados del proyecto de manera más clara y fácil de entender.

Liderazgo en proyectos Lean Six Sigma

El liderazgo efectivo es crucial en cualquier proyecto, y es particularmente importante en proyectos Lean Six Sigma, donde los procesos y los objetivos pueden ser altamente técnicos y complejos. Los líderes del proyecto deben tener la capacidad de motivar al equipo del proyecto y de guiarlos hacia la meta del proyecto de manera efectiva.

Una de las formas más efectivas de liderar un proyecto Lean Six Sigma es establecer una visión clara y compartida del proyecto desde el principio. Esto puede ayudar a alinear al equipo del proyecto en torno a los objetivos comunes del proyecto y a asegurar que todos los miembros del equipo estén motivados y trabajen juntos de manera efectiva.

Otra estrategia importante para liderar proyectos Lean Six Sigma es fomentar la colaboración y el trabajo en equipo. El enfoque Lean Six Sigma se basa en la idea de que el éxito del proyecto depende de la colaboración efectiva entre todas las partes interesadas. Los líderes del proyecto deben asegurarse de que los miembros del equipo del proyecto trabajen juntos de manera efectiva y de que se promueva una cultura de colaboración y apoyo mutuo.

Además, los líderes del proyecto deben tener habilidades de gestión de proyectos sólidas y estar familiarizados con las herramientas y técnicas Lean Six Sigma. Esto puede ayudar a asegurar que el proyecto se complete dentro del plazo y presupuesto previsto y que se alcancen los objetivos de mejora del proceso.

Otra habilidad importante que los líderes del proyecto deben tener es la capacidad de motivar al equipo del proyecto y de mantener su compromiso durante todo el proceso del proyecto. Esto puede incluir reconocer el buen trabajo del equipo, proporcionar retroalimentación y apoyo regularmente, y asegurarse de que los miembros del equipo tengan las herramientas y recursos necesarios para completar el proyecto de manera efectiva.

Estrategias para mejorar la comunicación y el liderazgo en proyectos Lean Six Sigma

Hay varias estrategias y mejores prácticas que las organizaciones pueden implementar para mejorar tanto la comunicación como el liderazgo en proyectos Lean Six Sigma.

Establecer un plan de comunicación detallado: Como se mencionó anteriormente, establecer un plan de comunicación detallado desde el principio del proyecto puede ayudar a asegurar una comunicación efectiva y constante durante todo el proceso del proyecto. El plan debe incluir una descripción de las audiencias clave, los mensajes clave y los canales de comunicación que se utilizarán para llegar a cada audiencia.

Proporcionar capacitación y desarrollo de liderazgo: La capacitación y el desarrollo de liderazgo pueden ayudar a los líderes del proyecto a desarrollar habilidades de liderazgo sólidas y a estar familiarizados con las herramientas y técnicas Lean Six Sigma. Esto puede mejorar su capacidad para liderar y motivar al equipo del proyecto de manera efectiva.

Fomentar la colaboración y el trabajo en equipo: Como se mencionó anteriormente, fomentar la colaboración y el trabajo en equipo es esencial para el éxito del proyecto Lean Six Sigma. Los líderes del proyecto deben asegurarse de que los miembros del equipo trabajen juntos de manera efectiva y de que se promueva una cultura de colaboración y apoyo mutuo.

Utilizar herramientas de visualización de datos: Las herramientas de visualización de datos pueden ayudar a comunicar los resultados del proyecto de manera más clara y fácil de entender. Los líderes del proyecto deben considerar el uso de herramientas de visualización de datos para comunicar los resultados del proyecto de manera efectiva.

Establecer objetivos claros y compartidos: Establecer objetivos claros y compartidos desde el principio del proyecto puede ayudar a alinear al equipo del proyecto en torno a los objetivos comunes del proyecto y a mantener su motivación y compromiso durante todo el proceso del proyecto.

Conclusión

La comunicación y el liderazgo son dos elementos esenciales en cualquier proyecto de mejora de procesos, especialmente en el marco del enfoque Lean Six Sigma. La comunicación efectiva es fundamental para asegurar que todas las partes interesadas comprendan los objetivos y las expectativas del proyecto, así como para mantener una comunicación constante y abierta durante todo el proceso del proyecto. Por otro lado, el liderazgo efectivo es clave para garantizar que el proyecto se complete dentro del plazo y presupuesto previsto, y que se alcancen los objetivos de mejora del proceso.

Para mejorar la comunicación y el liderazgo en proyectos Lean Six Sigma, las organizaciones deben establecer un plan de comunicación detallado, proporcionar capacitación y desarrollo de liderazgo, fomentar la colaboración y el trabajo en equipo, utilizar herramientas de visualización de datos y establecer objetivos claros y compartidos.

En resumen, el éxito de cualquier proyecto Lean Six Sigma depende en gran medida de la comunicación y el liderazgo efectivos. Los líderes del proyecto deben asegurarse de que la comunicación sea efectiva y constante, y de que se promueva una cultura de colaboración y trabajo en equipo. Además, deben tener habilidades sólidas de liderazgo y estar familiarizados con las herramientas y técnicas Lean Six Sigma. Al implementar las mejores prácticas y estrategias descritas en este capítulo, las organizaciones pueden mejorar la comunicación y el liderazgo en proyectos Lean Six Sigma y, en última instancia, mejorar los procesos y aumentar la satisfacción del cliente.

IDENTIFICACIÓN Y REDUCCIÓN DE DESPERDICIOS EN PROCESOS

En el mundo empresarial actual, la reducción de costos y la eficiencia en los procesos son claves para el éxito de una empresa. Una forma de lograr esto es a través de la implementación de metodologías de mejora continua, como Lean Six Sigma. En este capítulo, se discutirá la identificación y reducción de desperdicios en procesos utilizando la metodología de Lean Six Sigma.

Qué es Lean Six Sigma

Antes de entrar en detalles sobre cómo identificar y reducir desperdicios en procesos, es importante entender qué es Lean Six Sigma. Lean Six Sigma es una metodología de mejora continua que combina dos enfoques: Lean Manufacturing y Six Sigma.

Lean Manufacturing se enfoca en la eliminación de desperdicios en los procesos, mientras que Six Sigma se enfoca en la reducción de la variabilidad y la mejora de la calidad. La combinación de estos dos enfoques resulta en una metodología altamente efectiva para mejorar la eficiencia y calidad en los procesos.

La identificación de desperdicios en procesos

Antes de poder reducir desperdicios en un proceso, es importante identificarlos. Los desperdicios son cualquier actividad o proceso que no agrega valor al producto o servicio final. A continuación, se describen los ocho tipos de desperdicios identificados por Lean Manufacturing:

Sobreproducción: producir más de lo necesario o antes de lo necesario.

Tiempo de espera: tiempo que se pierde esperando por un proceso o recurso.

Transporte: movimiento innecesario de materiales o productos.

Exceso de procesamiento: hacer más de lo que se necesita para completar una tarea.

Inventario: tener más inventario del necesario.

Movimiento: movimiento innecesario de personas o recursos.

Defectos: errores en el proceso que resultan en productos defectuosos.

Subutilización del talento: no aprovechar al máximo el potencial de los empleados.

Para identificar desperdicios en un proceso, es importante realizar un análisis detallado del proceso y buscar áreas donde se puedan eliminar o reducir los desperdicios mencionados anteriormente. Esto se puede hacer a través de la realización de un mapa de flujo de valor, que muestra el flujo del proceso desde el inicio hasta el final.

Una vez que se han identificado los desperdicios, se pueden tomar medidas para reducirlos o eliminarlos por completo.

La reducción de desperdicios en procesos

Una vez que se han identificado los desperdicios en un proceso, es importante tomar medidas para reducirlos o eliminarlos por completo. A continuación, se describen algunas estrategias que se pueden utilizar para reducir desperdicios en procesos utilizando la metodología de Lean Six Sigma:

Implementar el flujo continuo: esto implica eliminar los cuellos de botella y tiempos de espera en el proceso. Al reducir los tiempos de espera y asegurarse de que los procesos se realicen en orden, se puede reducir el desperdicio de transporte, movimiento y sobreproducción.

Reducir la variabilidad: al reducir la variabilidad en el proceso, se puede reducir el desperdicio de exceso de procesamiento y defectos. Se pueden utilizar herramientas como Six Sigma para identificar y reducir la variabilidad en el proceso.

Implementar el sistema pull: esto implica producir solo lo que se necesita, en lugar de producir en exceso y crear inventario innecesario. Al utilizar el sistema pull, se puede reducir el desperdicio de sobreproducción e inventario.

Implementar el kanban: esto implica utilizar señales visuales para indicar cuándo se debe producir más de un producto o cuándo se debe mover un producto a la siguiente etapa del proceso. Al utilizar el kanban, se puede reducir el desperdicio de inventario y transporte.

Mejorar la eficiencia de los procesos: al mejorar la eficiencia de los procesos, se puede reducir el desperdicio de movimiento y subutilización del talento. Se pueden utilizar herramientas como el análisis de tiempo y movimiento para identificar áreas donde se puede mejorar la eficiencia del proceso.

Implementar la filosofía de Kaizen: esto implica la mejora continua del proceso a través de pequeñas mejoras en lugar de grandes cambios. Al implementar la filosofía de Kaizen, se puede reducir el desperdicio en múltiples áreas del proceso.

Capacitar a los empleados: al capacitar a los empleados en Lean Six Sigma, se les puede proporcionar las habilidades y herramientas necesarias para identificar y reducir desperdicios en los procesos. Esto puede conducir a una cultura de mejora continua en la empresa.

Ejemplo de aplicación de Lean Six Sigma en la reducción de desperdicios

Para ilustrar cómo se puede aplicar Lean Six Sigma en la reducción de desperdicios en un proceso, se utilizará el ejemplo de una empresa de fabricación de muebles. La empresa ha identificado que el proceso de ensamblaje de los muebles tiene un desperdicio significativo debido a la sobreproducción y el exceso de procesamiento.

Para reducir el desperdicio de sobreproducción, la empresa decide implementar el sistema pull y el kanban. Utilizan señales visuales para indicar cuándo se necesita producir más de un producto o cuándo se debe mover un producto a la siguiente etapa del proceso.

Para reducir el desperdicio de exceso de procesamiento, la empresa decide utilizar Six Sigma para reducir la variabilidad en el proceso. Utilizan herramientas de Six Sigma para identificar áreas donde se puede reducir la variabilidad y mejoran los procesos para reducir el exceso de procesamiento.

Para asegurarse de que el proceso se está llevando a cabo de manera eficiente, la empresa utiliza el análisis de tiempo y movimiento para identificar áreas donde se puede mejorar la eficiencia del proceso. También capacitan a los empleados en Lean Six Sigma para fomentar una cultura de mejora continua.

Conclusión

La identificación y reducción de desperdicios en procesos es clave para mejorar la eficiencia y reducir costos en una empresa. Lean Six Sigma es una metodología altamente efectiva para lograr esto. Al identificar los desperdicios en un proceso y tomar medidas para reducirlos o eliminarlos, se pueden mejorar la eficiencia y la calidad de los procesos en una empresa.

Además, la implementación de Lean Six Sigma puede conducir a una cultura de mejora continua en la empresa, lo que puede llevar a una mayor satisfacción del cliente y una ventaja competitiva en el mercado. Es importante destacar que la identificación y reducción de desperdicios en procesos no es un proceso único y continuo, sino que es un proceso iterativo que requiere una constante mejora y monitoreo.

IDENTIFICACIÓN Y ELIMINACIÓN DE CUELLOS DE BOTELLA EN PROCESOS

La identificación y eliminación de cuellos de botella en procesos es un tema clave para mejorar la eficiencia y la rentabilidad de una empresa. En la última década, se ha desarrollado una metodología muy efectiva para lograr esto: Lean Six Sigma. Este enfoque combina la metodología Lean, que se centra en la eliminación de desperdicios, con la metodología Six Sigma, que se centra en la reducción de la variación en los procesos. Juntas, estas metodologías permiten identificar y eliminar los cuellos de botella en los procesos para mejorar la calidad, reducir costos y aumentar la satisfacción del cliente.

En este capítulo, se presentarán los conceptos clave de Lean Six Sigma y se discutirá cómo se puede aplicar esta metodología para identificar y eliminar los cuellos de botella en los procesos. También se discutirán las herramientas y técnicas utilizadas en Lean Six Sigma para lograr estos objetivos.

Conceptos clave de Lean Six Sigma

Para entender cómo funciona Lean Six Sigma, es importante comprender los conceptos clave de ambas metodologías.

Metodología Lean

La metodología Lean se originó en la industria automotriz de Japón en los años 50 y se centró en la eliminación de desperdicios en los procesos de producción.

Los cinco principios de la metodología Lean son:

Valor: Identificar lo que el cliente considera valioso.

Flujo de valor: Identificar el flujo de valor en el proceso.

Flujo continuo: Crear un flujo continuo de trabajo para eliminar desperdicios.

Producción pull: Producir solo lo que se necesita, cuando se necesita.

Perfección: Buscar la perfección en el proceso.

La metodología Lean se centra en eliminar o reducir ocho tipos de desperdicios, que son:

Sobreproducción, espera, transporte, sobreprocesamiento, inventario, movimientos innecesarios, defectos, subutilización del talento.

Metodología Six Sigma

La metodología Six Sigma se desarrolló en Motorola en los años 80 y se centró en la reducción de la variación en los procesos de producción. La variación se define como cualquier cosa que pueda afectar negativamente la calidad del producto o servicio.

La metodología Six Sigma se basa en una estrategia llamada DMAIC, que significa:

Definir: Definir el problema o el proceso que se va a mejorar.

Medir: Medir el rendimiento actual del proceso.

Analizar: Analizar los datos para identificar las causas raíz del problema.

Mejorar: Desarrollar e implementar soluciones para abordar las causas raíz.

Controlar: Establecer controles para mantener el proceso mejorado.

El objetivo de Six Sigma es lograr un nivel de calidad de 3.4 defectos por millón de oportunidades (DPMO). Esto significa que el proceso produce productos o servicios de alta calidad con una tasa de error muy baja.

Combinación de Lean y Six Sigma

La combinación de Lean y Six Sigma en la metodología Lean Six Sigma permite aprovechar las fortalezas de ambas metodologías para mejorar la eficiencia y la calidad en los procesos. Al combinar estas dos metodologías, se puede:

Identificar y eliminar los ocho tipos de desperdicios identificados por Lean.

Reducir la variación en los procesos identificados por Six Sigma.

Mejorar la calidad de los productos o servicios.

Reducir los costos y aumentar la rentabilidad.

Aumentar la satisfacción del cliente.

La metodología Lean Six Sigma se basa en cinco fases: definir, medir, analizar, mejorar y controlar (DMAIC). Cada fase tiene un conjunto específico de actividades y herramientas que se utilizan para lograr los objetivos de la fase. A continuación, se describen cada una de las fases.

Fase Definir

La primera fase de la metodología Lean Six Sigma es la fase Definir. En esta fase, se identifica el problema o el proceso que se va a mejorar. Las actividades principales en esta fase incluyen:

Identificar el problema o el proceso a mejorar.

Definir el objetivo del proyecto.

Formar un equipo de trabajo.

Desarrollar un plan de proyecto.

Para lograr estos objetivos, se utilizan varias herramientas y técnicas, como la matriz de selección de proyectos, la carta del proyecto, el mapa de proceso y la definición del alcance del proyecto.

Fase Medir

La segunda fase de la metodología Lean Six Sigma es la fase Medir. En esta fase, se mide el rendimiento actual del proceso y se identifican los puntos de mejora. Las actividades principales en esta fase incluyen:

Identificar las métricas de rendimiento del proceso.

Medir el rendimiento actual del proceso.

Identificar los puntos de mejora del proceso.

Para lograr estos objetivos, se utilizan varias herramientas y técnicas, como el diagrama de flujo, el histograma, el gráfico de control y la capacidad del proceso.

Fase Analizar

La tercera fase de la metodología Lean Six Sigma es la fase Analizar. En esta fase, se analizan los datos para identificar las causas raíz del problema. Las actividades principales en esta fase incluyen:

Analizar los datos del proceso.

Identificar las causas raíz del problema.

Evaluar la importancia y la factibilidad de las soluciones propuestas.

Para lograr estos objetivos, se utilizan varias herramientas y técnicas, como el análisis de Pareto, el análisis de causa raíz, el diagrama de espina de pescado y la matriz de priorización.

Fase Mejorar

La cuarta fase de la metodología Lean Six Sigma es la fase Mejorar. En esta fase, se desarrollan e implementan soluciones para abordar las causas raíz identificadas en la fase Analizar. Las actividades principales en esta fase incluyen:

Generar soluciones potenciales para abordar las causas raíz.

Evaluar y seleccionar las mejores soluciones.

Desarrollar un plan de implementación.

Implementar las soluciones.

Para lograr estos objetivos, se utilizan varias herramientas y técnicas, como el diseño de experimentos, el análisis costo-beneficio, la implementación piloto y el plan de control.

Fase Controlar

La quinta y última fase de la metodología Lean Six Sigma es la fase Controlar. En esta fase, se asegura que las mejoras realizadas en la fase Mejorar se mantengan en el tiempo y se mejore el proceso continuamente. Las actividades principales en esta fase incluyen:

Establecer medidas de control y monitoreo del proceso.

Implementar un plan de control.

Capacitar al personal y documentar los cambios.

Realizar auditorías regulares para evaluar el rendimiento del proceso.

Para lograr estos objetivos, se utilizan varias herramientas y técnicas, como el plan de control, el análisis de tendencias, la capacitación del personal y la revisión de la documentación.

Identificación y eliminación de cuellos de botella

Una de las principales aplicaciones de Lean Six Sigma es la identificación y eliminación de cuellos de botella en los procesos. Un cuello de botella es una etapa en un proceso que limita la capacidad de producción del proceso. Es decir, es un punto en el proceso en el que la capacidad de producción es menor que la demanda del proceso.

La identificación y eliminación de cuellos de botella es esencial para mejorar la eficiencia y la rentabilidad del proceso. La eliminación de un cuello de botella aumenta la capacidad de producción del proceso y reduce el tiempo de espera, lo que mejora la calidad del servicio y la satisfacción del cliente.

Para identificar y eliminar los cuellos de botella en un proceso, se utilizan varias herramientas y técnicas, como el análisis del valor agregado, el análisis de capacidad, el análisis de flujo de proceso y el análisis de tiempo y movimiento.

Análisis del valor agregado

El análisis del valor agregado es una herramienta utilizada para identificar las actividades que agregan valor en el proceso y las actividades que no agregan valor. El objetivo del análisis del valor agregado es eliminar las actividades que no agregan valor para mejorar la eficiencia del proceso.

El análisis del valor agregado se divide en tres categorías: actividades que agregan valor, actividades que no agregan valor, pero son necesarias y actividades que no agregan valor y no son necesarias. Al eliminar las actividades que no agregan valor y no son necesarias, se pueden reducir los costos y mejorar la eficiencia del proceso.

Análisis de capacidad

El análisis de capacidad es una herramienta utilizada para evaluar la capacidad de producción de un proceso. El objetivo del análisis de capacidad es identificar los cuellos de botella en el proceso y mejorar la eficiencia del proceso.

El análisis de capacidad se divide en dos categorías: capacidad nominal y capacidad real. La capacidad nominal es la capacidad teórica del proceso, mientras que la capacidad real es la capacidad real del proceso. Al comparar la capacidad nominal y la capacidad real, se pueden identificar los cuellos de botella en el proceso.

Análisis de flujo de proceso

El análisis de flujo de proceso es una herramienta utilizada para identificar las etapas en un proceso y la secuencia de las etapas. El objetivo del análisis de flujo de proceso es identificar las etapas que agregan valor y las etapas que no agregan valor para mejorar la eficiencia del proceso.

El análisis de flujo de proceso se divide en dos categorías: flujo de proceso actual y flujo de proceso ideal. El flujo de proceso actual describe cómo se realiza el proceso actualmente, mientras que el flujo de proceso ideal describe cómo debería ser el proceso idealmente.

Al comparar el flujo de proceso actual y el flujo de proceso ideal, se pueden identificar las etapas en el proceso que no agregan valor y eliminarlas para mejorar la eficiencia del proceso.

Análisis de tiempo y movimiento

El análisis de tiempo y movimiento es una herramienta utilizada para evaluar el tiempo y los movimientos necesarios para realizar una tarea en un proceso. El objetivo del análisis de tiempo y movimiento es identificar las etapas en el proceso que requieren más tiempo y movimientos para realizar la tarea y mejorar la eficiencia del proceso.

El análisis de tiempo y movimiento se divide en dos categorías: tiempo de ciclo y tiempo de trabajo. El tiempo de ciclo es el tiempo necesario para completar una tarea, mientras que el tiempo de trabajo es el tiempo que se dedica a la tarea. Al reducir el tiempo de trabajo y el tiempo de ciclo, se puede mejorar la eficiencia del proceso.

Conclusión

La metodología Lean Six Sigma es una herramienta efectiva para identificar y eliminar cuellos de botella en los procesos. La metodología se divide en cinco fases: Definir, Medir, Analizar, Mejorar y Controlar.

En la fase Definir, se establece el alcance del proyecto y se identifican los objetivos y el equipo del proyecto.

En la fase Medir, se recopilan datos y se establecen medidas para evaluar el rendimiento del proceso.

En la fase Analizar, se analizan los datos recopilados para identificar los problemas en el proceso.

En la fase Mejorar, se identifican y se implementan soluciones para mejorar el proceso.

En la fase Controlar, se asegura que las mejoras realizadas en la fase Mejorar se mantengan en el tiempo y se mejore el proceso continuamente.

Para identificar y eliminar cuellos de botella en los procesos, se utilizan varias herramientas y técnicas, como el análisis del valor agregado, el análisis de capacidad, el análisis de flujo de proceso y el análisis de tiempo y movimiento.

Al identificar y eliminar los cuellos de botella en los procesos, se pueden mejorar la eficiencia y la rentabilidad del proceso, lo que se traduce en una mayor satisfacción del cliente y una mejora en la calidad del servicio.

DISEÑO DE EXPERIMENTOS Y ANÁLISIS DE VARIANZA

El Diseño de Experimentos (DOE, por sus siglas en inglés) es una técnica estadística que se utiliza para investigar la relación entre los factores de un proceso y los resultados del mismo. El DOE se puede utilizar para optimizar un proceso, identificar la causa raíz de un problema y mejorar la calidad del producto o servicio. La metodología Lean Six Sigma utiliza el DOE como una herramienta clave en su enfoque de mejora continua. En este capítulo, se explicará en detalle cómo se utiliza el DOE con Lean Six Sigma y cómo se lleva a cabo el análisis de varianza (ANOVA) para interpretar los resultados de un experimento.

Definición de Diseño de Experimentos

El DOE se refiere a una técnica estadística que se utiliza para determinar cómo los factores afectan los resultados de un proceso. Los factores pueden ser variables de entrada, tales como la temperatura, la velocidad, la presión, el tiempo, etc. Los resultados pueden ser cualquier cosa que se mida en el proceso, como la calidad del producto, el tiempo de ciclo, el rendimiento, etc. El objetivo del DOE es identificar qué factores son significativos y cuál es la mejor combinación de factores para obtener los resultados deseados.

Tipos de Diseño de Experimentos

Hay varios tipos de DOE que se pueden utilizar dependiendo del objetivo del experimento y de la complejidad del proceso. Algunos de los más comunes son:

Diseño de una sola variable: se utiliza para determinar el efecto de un solo factor sobre el resultado del proceso. Se varía un solo factor a la vez y se mide el resultado.

Diseño factorial: se utiliza para determinar el efecto de varios factores y sus interacciones sobre el resultado del proceso. Se varían varios factores al mismo tiempo y se mide el resultado.

Diseño Taguchi: se utiliza para mejorar la robustez del proceso frente a las variaciones en los factores. Se varían varios factores en combinaciones específicas y se mide el resultado.

Diseño de superficie de respuesta: se utiliza para optimizar los factores de entrada y encontrar la combinación que produce los mejores resultados. Se varían los factores en un rango y se mide el resultado en puntos seleccionados dentro del rango.

Pasos para el Diseño de Experimentos con Lean Six Sigma

El proceso de Diseño de Experimentos con Lean Six Sigma consta de los siguientes pasos:

Paso 1: Definir el objetivo del experimento En este paso, se define claramente el objetivo del experimento. Se identifican los resultados deseados y se determina qué factores pueden afectarlos.

Paso 2: Seleccionar el tipo de diseño de experimentos Una vez que se ha definido el objetivo del experimento, se selecciona el tipo de DOE que se utilizará. Se debe tener en cuenta la complejidad del proceso y el número de factores que se quieren analizar.

Paso 3: Seleccionar los factores y niveles En este paso, se seleccionan los factores que se analizarán en el experimento y se determinan los niveles de cada factor. Es importante seleccionar los factores que se cree que son más significativos y que tienen el mayor impacto en los resultados.

Paso 4: Diseñar el experimento Una vez que se han seleccionado los factores y los niveles, se diseña el experimento. Se establece un plan de experimentación que incluya los grupos de prueba y control, la forma en que se variarán los factores y la forma en que se medirán los resultados.

Paso 5: Realizar el experimento En este paso, se lleva a cabo el experimento según el plan de experimentación diseñado en el paso anterior. Es importante tomar medidas precisas y registrar los datos de forma adecuada.

Paso 6: Analizar los resultados Una vez que se han recopilado los datos, se realiza un análisis estadístico para determinar la relación entre los factores y los resultados. Se utiliza el ANOVA para determinar si hay diferencias significativas entre los grupos de prueba y control y para identificar los factores que tienen un impacto significativo en los resultados.

Paso 7: Interpretar los resultados y tomar medidas En este paso, se interpretan los resultados del análisis estadístico y se toman medidas para mejorar el proceso. Se pueden utilizar herramientas Lean Six Sigma como el Mapa de Proceso y el Análisis de Causa Raíz para identificar las áreas en las que se pueden realizar mejoras y para desarrollar planes de acción para implementar esas mejoras.

Análisis de Varianza (ANOVA)

El ANOVA es una técnica estadística que se utiliza para comparar la media de dos o más grupos y determinar si hay diferencias significativas entre ellos. En el contexto del DOE, el ANOVA se utiliza para analizar los resultados del experimento y determinar si hay diferencias significativas entre los grupos de prueba y control.

El ANOVA se basa en la hipótesis nula de que no hay diferencias significativas entre los grupos y la hipótesis alternativa de que hay al menos una diferencia significativa entre los grupos. El ANOVA calcula la suma de cuadrados total (SCT), que representa la variación total en los datos, y la suma de cuadrados entre grupos (SCG), que representa la variación entre los grupos. La diferencia entre SCT y SCG se llama suma de cuadrados dentro de los grupos (SCW), que representa la variación dentro de los grupos. El ANOVA también calcula el valor F, que es la relación entre la variación entre los grupos y la variación dentro de los grupos.

Si el valor F es mayor que el valor crítico, se rechaza la hipótesis nula y se concluye que hay al menos una diferencia significativa entre los grupos. En ese caso, se pueden realizar pruebas de comparación múltiple para determinar cuáles son los grupos que difieren significativamente entre sí.

Conclusiones

El Diseño de Experimentos y el Análisis de Varianza son técnicas estadísticas clave que se utilizan en Lean Six Sigma para mejorar la calidad del producto o servicio. El DOE permite determinar cómo los factores afectan los resultados del proceso y encontrar la mejor combinación de factores para obtener los resultados deseados. El ANOVA se utiliza para analizar los resultados del experimento y determinar si hay diferencias significativas entre los grupos de prueba y control. Ambas técnicas son fundamentales para el enfoque de mejora continua de Lean Six Sigma y son herramientas valiosas para cualquier organización que busque mejorar su calidad y eficiencia.

DESARROLLO DE SOLUCIONES INNOVADORAS UTILIZANDO LEAN SIX SIGMA

En el entorno empresarial actual, la innovación se ha convertido en una necesidad para las empresas que desean mantenerse competitivas en el mercado. El desarrollo de soluciones innovadoras implica la aplicación de metodologías y herramientas que permitan a las empresas identificar oportunidades de mejora y diseñar soluciones eficientes y efectivas. Entre estas metodologías destaca Lean Six Sigma, que combina los principios de Lean Manufacturing y Six Sigma para mejorar la calidad y eficiencia de los procesos empresariales. En este capítulo se explorará cómo las empresas pueden utilizar Lean Six Sigma para desarrollar soluciones innovadoras y cómo esta metodología puede ayudar a las empresas a mantenerse competitivas en el mercado actual.

¿Qué es Lean Six Sigma?

Lean Six Sigma es una metodología de mejora de procesos que combina los principios de Lean Manufacturing y Six Sigma. Lean Manufacturing se enfoca en eliminar el desperdicio y mejorar la eficiencia en los procesos, mientras que Six Sigma se enfoca en la reducción de la variabilidad y la mejora de la calidad de los procesos. La combinación de estas dos metodologías permite a las empresas mejorar la calidad de sus productos y servicios, reducir los costos y mejorar la satisfacción del cliente.

La metodología Lean Six Sigma se divide en cinco fases: definición, medición, análisis, mejora y control. Cada fase se enfoca en una parte específica del proceso de mejora y utiliza herramientas y técnicas específicas para lograr los objetivos de la fase. El objetivo final de Lean Six Sigma es crear un proceso más eficiente y efectivo, que produzca resultados consistentes y de alta calidad.

Desarrollo de soluciones innovadoras utilizando Lean Six Sigma

El proceso de desarrollo de soluciones innovadoras utilizando Lean Six Sigma comienza con la definición del problema o la oportunidad de mejora. Esta fase se enfoca en identificar el problema o la oportunidad de mejora, establecer los objetivos del proyecto y definir el alcance del proyecto. Una vez que se ha definido el problema, se procede a la siguiente fase: la medición.

La fase de medición se enfoca en recopilar datos sobre el proceso actual y establecer una línea base de desempeño. Esta línea base se utiliza para medir el éxito del proyecto y determinar si las soluciones propuestas han mejorado el proceso. Para recopilar datos, se utilizan herramientas como gráficos de control, diagramas de flujo y mapas de proceso.

La fase de análisis se enfoca en identificar las causas raíz del problema o la oportunidad de mejora. Se utilizan herramientas como diagramas de Ishikawa, análisis de Pareto y análisis de valor para identificar las causas subyacentes del problema. Una vez que se han identificado las causas raíz, se procede a la fase de mejora.

La fase de mejora se enfoca en desarrollar soluciones innovadoras para abordar las causas raíz identificadas en la fase de análisis. Las soluciones propuestas se prueban y se implementan en una pequeña escala antes de ser implementadas en todo el proceso. Se utilizan herramientas como la matriz de selección de soluciones y el plan de implementación para garantizar que las soluciones propuestas sean efectivas y eficientes.

Finalmente, la fase de control se enfoca en mantener y mejorar el proceso después de la implementación de las soluciones. Se establecen medidas de control y se monitorea el desempeño del proceso para asegurarse de que las mejoras se mantengan en el tiempo. Las herramientas utilizadas en esta fase incluyen planes de control, gráficos de control y auditorías de proceso.

Ejemplo de aplicación de Lean Six Sigma en el desarrollo de soluciones innovadoras

Para ilustrar el proceso de desarrollo de soluciones innovadoras utilizando Lean Six Sigma, se presenta un ejemplo de una empresa de fabricación de automóviles que desea mejorar la eficiencia de su línea de ensamblaje.

Definición: La empresa define el problema como una alta tasa de retrabajo en la línea de ensamblaje, lo que ha resultado en una disminución en la producción y un aumento en los costos.

Medición: La empresa recopila datos sobre el proceso de ensamblaje actual y establece una línea base de desempeño. Se utiliza un gráfico de control para monitorear la tasa de retrabajo y se identifica que el problema se concentra en una etapa específica del proceso.

Análisis: La empresa utiliza un diagrama de Ishikawa para identificar las posibles causas del problema. Se descubre que una de las causas es un problema con la herramienta de ensamblaje utilizada en esa etapa específica del proceso.

Mejora: La empresa desarrolla una solución innovadora que implica la creación de una herramienta de ensamblaje más eficiente y ergonómica. Se prueba la herramienta en una pequeña escala y se determina que mejora la eficiencia del proceso y reduce la tasa de retrabajo.

Control: La empresa implementa la herramienta de ensamblaje en toda la línea de ensamblaje y establece medidas de control para monitorear su desempeño. Se utiliza un plan de control para garantizar que se mantenga el desempeño mejorado y se monitorea el proceso a través de gráficos de control y auditorías de proceso.

Resultados: La empresa logra reducir significativamente la tasa de retrabajo y aumentar la producción en la línea de ensamblaje. Además, se logra un ahorro significativo en costos debido a la reducción en la tasa de retrabajo.

Conclusión

El uso de Lean Six Sigma para el desarrollo de soluciones innovadoras es una herramienta poderosa para las empresas que desean mantenerse competitivas en el mercado actual. Esta metodología permite a las empresas identificar oportunidades de mejora, desarrollar soluciones efectivas y eficientes, y mantener el desempeño mejorado en el tiempo. El proceso de desarrollo de soluciones innovadoras utilizando Lean Six Sigma se divide en cinco fases: definición, medición, análisis, mejora y control. Cada fase utiliza herramientas y técnicas específicas para lograr los objetivos de la fase y lograr un proceso más eficiente y efectivo.

IDENTIFICACIÓN Y ANÁLISIS DE RIESGOS EN PROCESOS

La identificación y análisis de riesgos son procesos fundamentales para cualquier empresa que busque mejorar sus operaciones y reducir los riesgos asociados con sus procesos. En la actualidad, existen varias metodologías que se utilizan para identificar y analizar riesgos, entre las cuales destacan Lean Six Sigma.

Lean Six Sigma es una metodología que se utiliza para mejorar la calidad de los procesos empresariales. Se basa en la idea de que todas las empresas tienen procesos que contienen errores y que, por lo tanto, se pueden mejorar para reducir costos, aumentar la satisfacción del cliente y mejorar la calidad de los productos y servicios. En este capítulo, exploraremos cómo Lean Six Sigma se puede utilizar para identificar y analizar riesgos en los procesos empresariales.

Identificación de riesgos

La identificación de riesgos es el primer paso en el proceso de análisis de riesgos. El objetivo de la identificación de riesgos es identificar todos los riesgos potenciales asociados con un proceso específico. En este sentido, Lean Six Sigma se puede utilizar para identificar los riesgos en los procesos empresariales.

Para identificar los riesgos en los procesos empresariales, es necesario utilizar herramientas específicas de Lean Six Sigma, como el mapa de procesos, el análisis de Pareto y el análisis de causa y efecto. El mapa de procesos se utiliza para visualizar el proceso empresarial completo, incluyendo los inputs, los outputs y los subprocesos. El análisis de Pareto se utiliza para identificar los problemas más comunes en un proceso empresarial, y el análisis de causa y efecto se utiliza para identificar las causas raíz de los problemas.

Una vez que se han identificado los riesgos en el proceso empresarial, se debe crear una lista de los riesgos identificados. Esta lista debe incluir una descripción detallada del riesgo, así como el impacto potencial del riesgo en el proceso empresarial. Además, se deben clasificar los riesgos según su probabilidad de ocurrencia y su impacto potencial.

Análisis de riesgos

Una vez que se han identificado los riesgos en el proceso empresarial, es necesario realizar un análisis de riesgos para determinar la probabilidad de ocurrencia de cada riesgo y su impacto potencial en el proceso empresarial. El análisis de riesgos se realiza utilizando herramientas específicas de Lean Six Sigma, como el análisis de FMEA (Análisis de Modo y Efecto de Fallas) y la matriz de riesgos.

El análisis de FMEA es una herramienta que se utiliza para identificar y evaluar los efectos potenciales de las fallas en un proceso empresarial. Esta herramienta se utiliza para evaluar la probabilidad de que ocurra una falla, el impacto potencial de la falla en el proceso empresarial y la probabilidad de que la falla se detecte antes de que cause un impacto significativo en el proceso empresarial. La matriz de riesgos se utiliza para evaluar la probabilidad de que ocurra un riesgo y su impacto potencial en el proceso empresarial.

Una vez que se han realizado el análisis de FMEA y la matriz de riesgos, se deben priorizar los riesgos identificados en función de su probabilidad de ocurrencia y su impacto potencial. Los riesgos más críticos deben ser abordados primero para minimizar el impacto potencial en el proceso empresarial.

Gestión de riesgos

Una vez que se han identificado y analizado los riesgos en el proceso empresarial, es necesario implementar medidas para mitigar los riesgos identificados. En este sentido, Lean Six Sigma se puede utilizar para implementar medidas específicas para mitigar los riesgos identificados.

Para mitigar los riesgos identificados, es necesario desarrollar un plan de gestión de riesgos que incluya medidas específicas para mitigar los riesgos. Este plan debe incluir medidas preventivas, medidas de mitigación y medidas de contingencia.

Las medidas preventivas se utilizan para prevenir la ocurrencia de los riesgos identificados. Estas medidas se implementan antes de que el riesgo ocurra y pueden incluir la capacitación del personal, el mejoramiento de los procesos y la implementación de controles adicionales.

Las medidas de mitigación se utilizan para reducir el impacto potencial de los riesgos identificados. Estas medidas se implementan después de que el riesgo ha ocurrido y pueden incluir la implementación de planes de contingencia y la implementación de soluciones alternativas.

Las medidas de contingencia se utilizan para manejar los riesgos identificados en caso de que ocurran. Estas medidas se implementan después de que el riesgo ha ocurrido y pueden incluir la implementación de planes de emergencia y la asignación de responsabilidades específicas.

Monitoreo y control

Una vez que se han implementado las medidas de gestión de riesgos, es necesario monitorear y controlar los riesgos identificados para asegurarse de que las medidas implementadas sean efectivas. En este sentido, Lean Six Sigma se puede utilizar para monitorear y controlar los riesgos identificados.

Para monitorear y controlar los riesgos identificados, es necesario implementar medidas específicas de monitoreo y control. Estas medidas pueden incluir la revisión periódica de los riesgos identificados, la medición del impacto potencial de los riesgos y la implementación de medidas adicionales si se identifican nuevos riesgos.

Además, es necesario establecer un proceso de retroalimentación para asegurarse de que los riesgos identificados se manejen de manera efectiva. Este proceso de retroalimentación debe incluir la revisión periódica de los riesgos identificados, la identificación de nuevas medidas de mitigación si es necesario y la implementación de medidas de mejora continua.

Conclusión

En conclusión, Lean Six Sigma es una metodología efectiva para identificar, analizar y gestionar riesgos en los procesos empresariales. La identificación de riesgos es el primer paso en el proceso de análisis de riesgos y se utiliza para identificar todos los riesgos potenciales asociados con un proceso específico. Una vez que se han identificado los riesgos en el proceso empresarial, es necesario realizar un análisis de riesgos para determinar la probabilidad de ocurrencia de cada riesgo y su impacto potencial en el proceso empresarial.

Una vez que se han identificado y analizado los riesgos en el proceso empresarial, es necesario implementar medidas para mitigar los riesgos identificados. Estas medidas incluyen medidas preventivas, medidas de mitigación y medidas de contingencia. Es necesario monitorear y controlar los riesgos identificados para asegurarse de que las medidas implementadas sean efectivas y establecer un proceso de retroalimentación para asegurarse de que los riesgos identificados se manejen de manera efectiva.

ANÁLISIS DE LA CADENA DE VALOR Y REDUCCIÓN DE TIEMPOS DE ENTREGA

En el mundo empresarial, la eficiencia en la gestión de los procesos productivos es un factor clave para mantenerse competitivo en el mercado. Uno de los métodos más populares para mejorar la eficiencia es Lean Six Sigma, que combina los principios de Lean Manufacturing y Six Sigma para eliminar los desperdicios y reducir la variabilidad en los procesos. Además, una herramienta importante para mejorar la eficiencia es el análisis de la cadena de valor, que permite identificar los procesos clave en la producción y los puntos en los que se pueden reducir los tiempos de entrega.

En este capítulo se analizará la aplicación de Lean Six Sigma en la reducción de tiempos de entrega mediante el análisis de la cadena de valor. Se explicará en qué consiste la metodología Lean Six Sigma, cómo se puede aplicar el análisis de la cadena de valor para identificar los procesos críticos y cuáles son las herramientas de Lean Six Sigma que se pueden utilizar para mejorar la eficiencia de los procesos.

Metodología Lean Six Sigma

Lean Six Sigma es una metodología de mejora de procesos que combina los principios de Lean Manufacturing y Six Sigma. Lean Manufacturing se enfoca en la eliminación de los desperdicios en los procesos, mientras que Six Sigma se enfoca en la reducción de la variabilidad en los procesos. Al combinar estas dos metodologías, Lean Six Sigma busca eliminar los desperdicios y reducir la variabilidad en los procesos para mejorar la eficiencia y la calidad del producto.

La metodología Lean Six Sigma se compone de cinco fases:

Definición del problema: En esta fase se define el problema que se quiere resolver y se establecen los objetivos del proyecto.

Medición: En esta fase se recolectan datos para evaluar el desempeño actual del proceso.

Análisis: En esta fase se analizan los datos recolectados para identificar los puntos débiles del proceso y las causas de los problemas identificados en la fase anterior.

Mejora: En esta fase se implementan mejoras en el proceso para reducir los desperdicios y la variabilidad.

Control: En esta fase se establecen controles para asegurar que las mejoras implementadas se mantengan a largo plazo.

Análisis de la cadena de valor

El análisis de la cadena de valor es una herramienta que permite identificar los procesos clave en la producción y los puntos en los que se pueden reducir los tiempos de entrega. La cadena de valor se compone de todos los procesos necesarios para producir un producto, desde la adquisición de materias primas hasta la entrega del producto final al cliente.

El análisis de la cadena de valor se puede dividir en dos fases:

Identificación de los procesos clave: En esta fase se identifican los procesos que son críticos para la producción y los que tienen un mayor impacto en los tiempos de entrega.

Identificación de las oportunidades de mejora: En esta fase se identifican los puntos en los que se pueden reducir los tiempos de entrega mediante la eliminación de desperdicios y la reducción de la variabilidad.

Herramientas de Lean Six Sigma para mejorar la eficiencia

Existen varias herramientas de Lean Six Sigma que se pueden utilizar para mejorar la eficiencia de los procesos. Algunas de las herramientas más comunes son:

Mapa de procesos (Value Stream Mapping): El mapa de procesos es una herramienta que permite visualizar todos los procesos involucrados en la producción de un producto y los flujos de información y materiales entre ellos. Esta herramienta es útil para identificar los procesos que son críticos para la producción y los puntos en los que se pueden reducir los tiempos de entrega.

Kanban: Kanban es un sistema de control de inventario que se utiliza para reducir los inventarios y los tiempos de entrega. Este sistema se basa en el uso de tarjetas kanban que indican cuándo se debe producir un producto o cuándo se debe reabastecer un inventario.

Poka-Yoke: Poka-Yoke es una técnica que se utiliza para prevenir errores y reducir la variabilidad en los procesos. Esta técnica se basa en la incorporación de dispositivos o mecanismos que impiden que se produzcan errores en los procesos.

Análisis de causa raíz (Root Cause Analysis): El análisis de causa raíz es una técnica que se utiliza para identificar las causas fundamentales de un problema en los procesos. Esta técnica se basa en la identificación de las causas más profundas de un problema, en lugar de las causas superficiales.

5S: 5S es una técnica que se utiliza para mejorar la organización y la limpieza en los procesos. Esta técnica se basa en la implementación de cinco pasos: Clasificación, Orden, Limpieza, Estandarización y Disciplina.

Ejemplo de aplicación de Lean Six Sigma en la reducción de tiempos de entrega

Para ilustrar la aplicación de Lean Six Sigma en la reducción de tiempos de entrega, se presentará un ejemplo hipotético en el que se desea reducir los tiempos de entrega en la producción de piezas de automóviles.

Definición del problema: El problema a resolver es el largo tiempo de entrega de las piezas de automóviles.

Medición: Se recolectan datos sobre los tiempos de entrega actuales y se identifican los procesos que tienen un mayor impacto en los tiempos de entrega.

Análisis: Se utiliza el mapa de procesos para identificar los procesos críticos y se realiza un análisis de causa raíz para identificar las causas de los problemas identificados en los procesos críticos.

Mejora: Se implementan mejoras en los procesos críticos identificados en la fase de análisis, como la implementación de dispositivos Poka-Yoke para reducir la variabilidad en los procesos y la implementación del sistema Kanban para reducir los inventarios y los tiempos de entrega.

Control: Se establecen controles para asegurar que las mejoras implementadas se mantengan a largo plazo, como la implementación de la técnica 5S para mantener la organización y la limpieza en los procesos.

Conclusión

El análisis de la cadena de valor y la metodología Lean Six Sigma son herramientas poderosas para mejorar la eficiencia en los procesos productivos y reducir los tiempos de entrega. La combinación de estas herramientas permite identificar los procesos críticos en la producción y los puntos en los que se pueden reducir los tiempos de entrega mediante la eliminación de desperdicios y la mejora de la calidad de los productos.

La aplicación de estas herramientas puede generar importantes beneficios para las empresas, como la reducción de costos y tiempos de entrega, la mejora de la calidad de los productos, la reducción de errores y la mejora en la satisfacción de los clientes.

Sin embargo, la implementación de estas herramientas requiere de un compromiso a largo plazo por parte de la empresa y la capacitación de los empleados en su aplicación. Además, es importante que se realice un seguimiento y monitoreo continuo de los procesos para asegurar que las mejoras se mantengan en el tiempo.

En resumen, la combinación de la metodología Lean Six Sigma y el análisis de la cadena de valor puede ser una herramienta poderosa para la mejora de los procesos productivos y la reducción de los tiempos de entrega. La aplicación de estas herramientas puede generar importantes beneficios para las empresas, pero requiere de un compromiso a largo plazo y la capacitación de los empleados en su aplicación.

IMPLEMENTACIÓN DE SISTEMAS DE GESTIÓN DE CALIDAD

La gestión de calidad es una herramienta esencial para cualquier organización que busque mejorar la eficiencia y la eficacia de sus procesos. En este contexto, Lean Six Sigma se ha convertido en una metodología popular para implementar sistemas de gestión de calidad en organizaciones de todo tipo. Este capítulo proporcionará una visión general de la metodología Lean Six Sigma y su aplicación en la implementación de sistemas de gestión de calidad.

¿Qué es Lean Six Sigma?

Lean Six Sigma es una metodología de mejora de procesos que combina dos enfoques populares: Lean y Six Sigma. Lean se enfoca en la eliminación de desperdicios y la mejora continua, mientras que Six Sigma se enfoca en la reducción de la variabilidad y la mejora de la calidad. La combinación de estos enfoques permite a las organizaciones maximizar la eficiencia y la eficacia de sus procesos.

Los principios de Lean Six Sigma

La metodología Lean Six Sigma se basa en una serie de principios clave que guían su aplicación. Estos principios incluyen:

Enfoque en el cliente

El enfoque en el cliente es fundamental para Lean Six Sigma. Esto significa entender las necesidades del cliente y diseñar procesos que satisfagan esas necesidades.

Mejora continua

La mejora continua es un principio clave de Lean Six Sigma. Esto significa que la organización se esfuerza constantemente por mejorar sus procesos y reducir los desperdicios.

Reducción de variabilidad

Six Sigma se enfoca en la reducción de la variabilidad en los procesos. Esto significa que la organización busca minimizar las desviaciones de los procesos estándar para mejorar la calidad y la consistencia.

Procesos centrados en el valor

La metodología Lean Six Sigma se enfoca en los procesos que generan valor para el cliente. Esto significa identificar y mejorar los procesos críticos que tienen un impacto directo en la satisfacción del cliente.

Uso de datos y hechos

Lean Six Sigma se basa en datos y hechos para tomar decisiones informadas. Esto significa recopilar y analizar datos para identificar las causas raíz de los problemas y tomar medidas para resolverlos.

Enfoque en el trabajo en equipo

El trabajo en equipo es fundamental para la implementación de Lean Six Sigma. Esto significa involucrar a todos los miembros de la organización en el proceso de mejora continua y fomentar la colaboración y la comunicación entre ellos.

Beneficios de Lean Six Sigma

La metodología Lean Six Sigma ofrece una serie de beneficios para las organizaciones que la implementan. Algunos de estos beneficios incluyen:

Mejora de la eficiencia

Lean Six Sigma permite a las organizaciones mejorar la eficiencia de sus procesos al eliminar los desperdicios y reducir la variabilidad.

Mejora de la calidad

Six Sigma se enfoca en la mejora de la calidad de los procesos. Esto significa reducir los defectos y mejorar la consistencia de los productos y servicios.

Aumento de la satisfacción del cliente

La implementación de Lean Six Sigma permite a las organizaciones mejorar la calidad de sus productos y servicios, lo que a su vez puede aumentar la satisfacción del cliente. Al satisfacer las necesidades del cliente de manera efectiva, la organización puede mantener la lealtad y el compromiso del cliente.

Reducción de costos

La eliminación de desperdicios y la mejora de la eficiencia pueden ayudar a reducir los costos de la organización. Esto puede conducir a un aumento en la rentabilidad y la competitividad.

Fortalecimiento de la cultura organizacional

La implementación de Lean Six Sigma puede ayudar a fortalecer la cultura organizacional al fomentar la colaboración, el trabajo en equipo y la mejora continua en todos los niveles de la organización.

Implementación de sistemas de gestión de calidad con Lean Six Sigma

La implementación de sistemas de gestión de calidad con Lean Six Sigma se centra en la mejora de los procesos y la eliminación de los desperdicios para mejorar la calidad y la eficiencia. Al combinar la metodología Lean Six Sigma con los principios de la gestión de calidad, las organizaciones pueden mejorar significativamente sus procesos y ofrecer productos y servicios de alta calidad.

Planificación

El primer paso en la implementación de un sistema de gestión de calidad con Lean Six Sigma es la planificación. Esto implica definir los objetivos del proyecto y establecer un plan detallado para su implementación. Durante esta fase, también se identifican los recursos necesarios y se establecen los indicadores clave de rendimiento (KPI) para medir el éxito del proyecto.

Análisis

En la fase de análisis, se recopilan y analizan los datos para identificar los problemas y las oportunidades de mejora. Esto implica utilizar herramientas y técnicas de Lean Six Sigma para recopilar y analizar datos y determinar las causas raíz de los problemas. Algunas herramientas comunes utilizadas en esta fase incluyen el mapa del flujo de valor, el análisis de pareto y la herramienta de diagrama de Ishikawa.

Diseño

En la fase de diseño, se desarrollan soluciones para abordar los problemas identificados en la fase de análisis. Esto implica diseñar nuevos procesos y procedimientos que reduzcan los desperdicios y mejoren la calidad. Durante esta fase, también se realizan pruebas y simulaciones para garantizar que las soluciones propuestas sean efectivas y eficientes.

Implementación

En la fase de implementación, se implementan las soluciones desarrolladas en la fase de diseño. Esto implica la capacitación del personal y la implementación de nuevos procesos y procedimientos. Durante esta fase, también se establecen los controles necesarios para garantizar la consistencia y la calidad de los procesos.

Control

En la fase de control, se monitorean y miden los procesos para garantizar que se mantengan los niveles de calidad y eficiencia establecidos en la fase de diseño. Esto implica la implementación de sistemas de monitoreo y retroalimentación para detectar problemas y oportunidades de mejora. También se establecen planes de acción para abordar cualquier problema que surja durante esta fase.

Desafíos en la implementación de sistemas de gestión de calidad con Lean Six Sigma

Aunque la implementación de sistemas de gestión de calidad con Lean Six Sigma puede ofrecer muchos beneficios, también hay desafíos que pueden surgir durante el proceso de implementación. A continuación, se describen algunos de los desafíos comunes en la implementación de sistemas de gestión de calidad con Lean Six Sigma.

Resistencia al cambio

La resistencia al cambio es un desafío común en la implementación de sistemas de gestión de calidad con Lean Six Sigma. Los empleados pueden ser reacios a cambiar la forma en que se realizan las tareas y a adoptar nuevos procesos y procedimientos. Para superar este desafío, es importante comunicar claramente los beneficios del sistema de gestión de calidad y proporcionar capacitación y apoyo a los empleados durante todo el proceso de implementación.

Falta de liderazgo y compromiso

La falta de liderazgo y compromiso es otro desafío común en la implementación de sistemas de gestión de calidad con Lean Six Sigma. Si los líderes de la organización no están comprometidos con el proceso de implementación, es probable que los empleados también lo sean. Para superar este desafío, es importante que los líderes de la organización apoyen y promuevan activamente el sistema de gestión de calidad.

Falta de recursos

La implementación de un sistema de gestión de calidad con Lean Six Sigma puede requerir recursos significativos, como tiempo, dinero y personal capacitado. Si la organización no tiene suficientes recursos para implementar el sistema de gestión de calidad de manera efectiva, es posible que el proceso no tenga éxito. Para superar este desafío, es importante asignar los recursos adecuados y garantizar que se utilicen de manera efectiva.

Falta de alineación con la estrategia de la organización

Si el sistema de gestión de calidad no está alineado con la estrategia general de la organización, es posible que no se logren los resultados deseados. Es importante que la implementación del sistema de gestión de calidad esté alineada con la estrategia general de la organización y que se establezcan objetivos claros para medir el éxito del sistema.

Conclusiones

La implementación de sistemas de gestión de calidad con Lean Six Sigma puede ayudar a las organizaciones a mejorar la calidad y la eficiencia de sus procesos, lo que a su vez puede conducir a una mayor satisfacción del cliente, una mayor rentabilidad y una cultura organizacional más sólida. Sin embargo, la implementación de sistemas de gestión de calidad con Lean Six Sigma también puede presentar desafíos, como la resistencia al cambio, la falta de liderazgo y compromiso, la falta de recursos y la falta de alineación con la estrategia de la organización.

Para superar estos desafíos, es importante planificar cuidadosamente la implementación del sistema de gestión de calidad, comunicar claramente los beneficios del sistema a los empleados, asignar los recursos adecuados y garantizar que el sistema esté alineado con la estrategia general de la organización. Con el enfoque adecuado, la implementación de sistemas de gestión de calidad con Lean Six Sigma puede ser un proceso efectivo y beneficioso para la organización.

INTEGRACIÓN DE LEAN SIX SIGMA CON OTRAS METODOLOGÍAS DE MEJORA DE PROCESOS

En este capítulo, exploraremos cómo integrar Lean Six Sigma con otras metodologías de mejora de procesos como Total Quality Management (TQM), Business Process Reengineering (BPR), Kaizen, y Agile. Analizaremos los conceptos clave de cada metodología y cómo se pueden integrar para lograr resultados de mejora efectivos.

Total Quality Management (TQM)

Total Quality Management (TQM) es una metodología que se centra en la mejora continua de la calidad a través de la satisfacción del cliente, la eliminación de desperdicios y la mejora de los procesos empresariales. TQM se basa en el principio de que la calidad es una responsabilidad de todos en la organización y que se debe buscar continuamente la mejora en todos los aspectos del proceso empresarial.

Para integrar Lean Six Sigma con TQM, es importante entender cómo se superponen las metodologías y cómo pueden complementarse entre sí. Ambas metodologías se centran en la mejora continua de los procesos y la eliminación de desperdicios. Sin embargo, Lean Six Sigma se enfoca más en la reducción de variabilidad y la mejora de la eficiencia, mientras que TQM se enfoca en la satisfacción del cliente y la mejora de la calidad.

Una forma de integrar Lean Six Sigma con TQM es usar las herramientas Lean

Six Sigma para identificar las áreas de mejora en el proceso y luego utilizar los principios de TQM para implementar los cambios necesarios para mejorar la calidad y satisfacción del cliente. Además, la metodología de TQM puede ayudar a garantizar que los cambios implementados sean sostenibles a largo plazo al involucrar a todos en la organización en el proceso de mejora continua.

Business Process Reengineering (BPR)

Business Process Reengineering (BPR) es una metodología que se centra en la reestructuración radical de los procesos empresariales para lograr mejoras significativas en la eficiencia y la calidad. BPR se enfoca en la eliminación de actividades que no agregan valor, la simplificación de los procesos y la eliminación de barreras organizacionales.

Para integrar Lean Six Sigma con BPR, es importante entender cómo se superponen las metodologías y cómo pueden complementarse entre sí. Ambas metodologías se enfocan en la mejora de la eficiencia y la eliminación de desperdicios. Sin embargo, BPR se enfoca en la reestructuración radical de los procesos empresariales, mientras que Lean Six Sigma se enfoca en la reducción de la variabilidad y la mejora de la eficiencia.

Una forma de integrar Lean Six Sigma con BPR es utilizar las herramientas Lean Six Sigma para identificar los procesos que necesitan reestructuración radical y luego aplicar los principios de BPR para realizar cambios significativos en el proceso. Además, la metodología de Lean Six Sigma puede ayudar a garantizar que los cambios implementados sean efectivos y sostenibles a largo plazo al monitorear y medir continuamente el rendimiento del proceso.

Kaizen

Kaizen es una metodología japonesa de mejora continua que se centra en la mejora gradual y constante de los procesos empresariales a través de la participación de todos los miembros de la organización. Kaizen se basa en el principio de que las pequeñas mejoras continuas en el proceso pueden sumar grandes mejoras en el resultado final.

Para integrar Lean Six Sigma con Kaizen, es importante entender cómo se superponen las metodologías y cómo pueden complementarse entre sí. Ambas metodologías se enfocan en la mejora continua y la eliminación de desperdicios. Sin embargo, Kaizen se enfoca en la mejora gradual y constante, mientras que

Lean Six Sigma se enfoca en la reducción de la variabilidad y la mejora de la eficiencia.

Una forma de integrar Lean Six Sigma con Kaizen es utilizar las herramientas Lean Six Sigma para identificar las áreas de mejora en el proceso y luego aplicar los principios de Kaizen para realizar mejoras graduales y constantes en el proceso. Además, la metodología de Kaizen puede ayudar a garantizar que todos los miembros de la organización estén involucrados en el proceso de mejora continua y que se realicen mejoras en todos los aspectos del proceso empresarial.

Agile

Agile es una metodología de gestión de proyectos que se centra en la entrega rápida y continua de valor al cliente a través de la colaboración y la adaptación constante. Agile se basa en el principio de que los requisitos y objetivos del proyecto pueden cambiar a lo largo del tiempo y, por lo tanto, se deben adaptar continuamente para satisfacer las necesidades del cliente.

Para integrar Lean Six Sigma con Agile, es importante entender cómo se superponen las metodologías y cómo pueden complementarse entre sí. Ambas metodologías se enfocan en la mejora continua y la eliminación de desperdicios. Sin embargo, Agile se enfoca en la entrega rápida y continua de valor al cliente, mientras que Lean Six Sigma se enfoca en la reducción de la variabilidad y la mejora de la eficiencia.

Una forma de integrar Lean Six Sigma con Agile es utilizar las herramientas Lean Six Sigma para identificar las áreas de mejora en el proceso y luego aplicar los principios de Agile para adaptar y mejorar continuamente el proceso para satisfacer las necesidades del cliente. Además, la metodología de Agile puede ayudar a garantizar que el enfoque de mejora se mantenga en línea con las necesidades cambiantes del cliente y que se entregue valor de manera rápida y efectiva.

Conclusión

La integración de Lean Six Sigma con otras metodologías de mejora de procesos puede ayudar a lograr un enfoque holístico en la mejora del proceso empresarial. Al utilizar las herramientas y principios de múltiples metodologías, es posible lograr mejoras significativas en la eficiencia, la calidad y la satisfacción del cliente. Es importante entender cómo se superponen y complementan las metodologías y cómo se pueden aplicar en conjunto para lograr los mejores resultados. Al integrar Lean Six Sigma con TQM, BPR, Kaizen y Agile, es posible lograr una mejora continua y sostenible en el proceso empresarial.

Es importante recordar que la integración de estas metodologías no es un enfoque único para todas las situaciones. La selección de la metodología adecuada para una situación específica debe basarse en una comprensión profunda de los procesos empresariales, los desafíos y las necesidades del cliente. Es esencial involucrar a todos los miembros de la organización en el proceso de mejora continua y establecer un enfoque colaborativo para lograr los mejores resultados.

En resumen, la integración de Lean Six Sigma con otras metodologías de mejora de procesos puede proporcionar un enfoque holístico y efectivo para la mejora continua del proceso empresarial. La selección de la metodología adecuada debe basarse en una comprensión profunda de los procesos empresariales y las necesidades del cliente. Al involucrar a todos los miembros de la organización y establecer un enfoque colaborativo, es posible lograr mejoras significativas y sostenibles en la eficiencia, la calidad y la satisfacción del cliente.

RESOLUCIÓN DE PROBLEMAS COMPLEJOS UTILIZANDO LEAN SIX SIGMA

Lean Six Sigma es una metodología que ha evolucionado a lo largo de los años a partir de dos enfoques diferentes: Lean Manufacturing y Six Sigma. El enfoque de Lean Manufacturing se originó en Japón en la década de 1950 y se centró en la eliminación de desperdicios y la mejora continua. Por otro lado, Six Sigma se originó en Motorola en la década de 1980 y se centró en la mejora de la calidad mediante la reducción de la variación. La combinación de estos dos enfoques dio lugar a la metodología de Lean Six Sigma, que se ha utilizado en una amplia variedad de industrias, incluyendo la manufactura, la atención médica y los servicios financieros.

Principios básicos de Lean Six Sigma

Los principios básicos de Lean Six Sigma se basan en la mejora continua y la eliminación de desperdicios. Estos principios se aplican a través de cinco fases: Definir, Medir, Analizar, Mejorar y Controlar (DMAIC).

Definir

La primera fase de DMAIC consiste en definir el problema que se va a resolver y establecer los objetivos del proyecto. En esta fase, es importante identificar las partes interesadas y establecer una comprensión común del problema y de los objetivos del proyecto.

Medir

La segunda fase de DMAIC consiste en medir el proceso actual y recopilar datos relevantes. En esta fase, se pueden utilizar herramientas como los mapas de procesos y los gráficos de control para analizar los datos y establecer una línea base para el proyecto.

Analizar

La tercera fase de DMAIC consiste en analizar los datos recopilados y determinar las causas fundamentales del problema. En esta fase, se utilizan herramientas como el análisis de Pareto y el análisis de causa y efecto para identificar las causas fundamentales del problema.

Mejorar

La cuarta fase de DMAIC consiste en mejorar el proceso mediante la implementación de soluciones y la realización de pruebas piloto. En esta fase, es importante asegurarse de que las soluciones implementadas sean sostenibles a largo plazo y que no creen nuevos problemas.

Controlar

La quinta fase de DMAIC consiste en controlar el proceso mejorado y monitorear su desempeño a lo largo del tiempo. En esta fase, se utilizan herramientas como los gráficos de control y los planes de control para mantener el proceso en su nueva y mejorada condición.

Enfoque de Lean Six Sigma en la resolución de problemas complejos

La metodología de Lean Six Sigma se enfoca en la resolución de problemas complejos a través de la mejora continua. La metodología se centra en la identificación y eliminación de desperdicios en los procesos, lo que lleva a una mejora en la calidad, eficiencia y rentabilidad del negocio. La mejora continua es un proceso iterativo que implica la identificación de problemas y la implementación de soluciones para resolverlos.

La mejora continua se logra mediante la implementación de la metodología DMAIC de Lean Six Sigma. Esta metodología proporciona un marco estructurado para la resolución de problemas, lo que permite una mejor comprensión del problema y una implementación más efectiva de soluciones. Además, la metodología fomenta la colaboración entre las partes interesadas y la recopilación de datos relevantes para tomar decisiones informadas.

La metodología de Lean Six Sigma también se enfoca en la eliminación de desperdicios en los procesos. Los desperdicios son actividades que no agregan valor al proceso y que consumen recursos innecesarios. Al eliminar estos desperdicios, se mejora la eficiencia del proceso y se reduce el tiempo de ciclo, lo que a su vez aumenta la satisfacción del cliente y reduce los costos de producción.

Además, la metodología de Lean Six Sigma enfatiza la importancia de la mejora continua a lo largo del tiempo. La implementación de soluciones no es suficiente para resolver un problema de forma permanente. Es importante monitorear el desempeño del proceso y hacer ajustes según sea necesario para mantener la mejora continua.

En resumen, el enfoque de Lean Six Sigma en la resolución de problemas complejos se centra en la mejora continua y la eliminación de desperdicios. La metodología DMAIC proporciona un marco estructurado para la resolución de problemas, mientras que la eliminación de desperdicios mejora la eficiencia y la rentabilidad del proceso. La mejora continua a lo largo del tiempo es clave para mantener los beneficios de la implementación de soluciones y garantizar la satisfacción del cliente.

Aplicación de Lean Six Sigma en la práctica

En este capítulo, se explorará cómo se aplica Lean Six Sigma en la práctica para resolver problemas complejos en diferentes industrias. Se presentarán casos de estudio para ilustrar cómo la metodología de Lean Six Sigma se puede utilizar para resolver problemas complejos y mejorar la eficiencia y la calidad de los procesos.

Aplicación de Lean Six Sigma en la industria manufacturera

En la industria manufacturera, Lean Six Sigma se utiliza para mejorar la eficiencia de los procesos y reducir los costos de producción. Un ejemplo de esto es la implementación de Lean Six Sigma en una empresa de fabricación de componentes electrónicos. La empresa enfrentaba problemas de calidad y rechazo de productos, lo que resultaba en un aumento de los costos de producción.

Para abordar este problema, se utilizó la metodología DMAIC de Lean Six Sigma para identificar las causas fundamentales del problema y desarrollar soluciones efectivas. Se realizaron pruebas piloto para validar las soluciones antes de su implementación, lo que aseguró que las soluciones fueran efectivas a largo plazo.

La implementación de Lean Six Sigma en esta empresa resultó en una reducción del rechazo de productos en un 40% y una mejora significativa en la calidad del producto. Además, la eficiencia del proceso mejoró, lo que resultó en una reducción de los costos de producción.

Aplicación de Lean Six Sigma en la industria de servicios

En la industria de servicios, Lean Six Sigma se utiliza para mejorar la calidad del servicio y reducir los tiempos de espera. Un ejemplo de esto es la implementación de Lean Six Sigma en un hospital para mejorar la eficiencia en la atención al paciente.

El hospital enfrentaba problemas con el tiempo de espera para la atención al paciente y la falta de coordinación entre los departamentos. Se utilizó la metodología DMAIC de Lean Six Sigma para identificar las causas fundamentales del problema y desarrollar soluciones efectivas. Se implementaron cambios en la programación de las citas y en la asignación de tareas para mejorar la coordinación entre los departamentos.

La implementación de Lean Six Sigma en este hospital resultó en una reducción significativa del tiempo de espera para la atención al paciente y una mejora en la coordinación entre los departamentos. Además, la satisfacción del paciente mejoró, lo que resultó en una mejora de la reputación del hospital.

Aplicación de Lean Six Sigma en la industria de tecnología

En la industria de tecnología, Lean Six Sigma se utiliza para mejorar la eficiencia en el desarrollo de productos y reducir los tiempos de entrega. Un ejemplo de esto es la implementación de Lean Six Sigma en una empresa de software para mejorar el proceso de desarrollo de software.

La empresa enfrentaba problemas con el tiempo de entrega del software y la falta de calidad en el producto final. Se utilizó la metodología DMAIC de Lean Six Sigma para identificar las causas fundamentales del problema y desarrollar soluciones efectivas. Se implementaron cambios en el proceso de desarrollo de software para mejorar la calidad del producto y reducir los tiempos de entrega.

La implementación de Lean Six Sigma en esta empresa resultó en una mejora significativa en la calidad del producto y una reducción en los tiempos de entrega del software. Además, la eficiencia del proceso mejoró, lo que resultó en una reducción de los costos de producción.

Aplicación de Lean Six Sigma en la industria de la construcción

En la industria de la construcción, Lean Six Sigma se utiliza para mejorar la eficiencia del proceso de construcción y reducir los tiempos de construcción. Un ejemplo de esto es la implementación de Lean Six Sigma en un proyecto de construcción de un edificio de oficinas.

El proyecto enfrentaba problemas con el tiempo de construcción y la falta de coordinación entre los equipos de construcción. Se utilizó la metodología DMAIC de Lean Six Sigma para identificar las causas fundamentales del problema y desarrollar soluciones efectivas. Se implementaron cambios en la programación de la construcción y en la coordinación entre los equipos para mejorar la eficiencia del proceso.

La implementación de Lean Six Sigma en este proyecto resultó en una reducción significativa en los tiempos de construcción del edificio y una mejora en la coordinación entre los equipos de construcción. Además, la calidad del edificio final mejoró, lo que resultó en una mejora en la satisfacción del cliente.

En resumen, la aplicación de Lean Six Sigma en diferentes industrias demuestra su eficacia en la resolución de problemas complejos y la mejora de la eficiencia y la calidad de los procesos. La metodología DMAIC proporciona un marco estructurado para la identificación de problemas y la implementación de soluciones efectivas. La mejora continua es clave para mantener los beneficios de la implementación de soluciones y garantizar la satisfacción del cliente.

GESTIÓN DE PROYECTOS LEAN SIX SIGMA

La gestión de proyectos Lean Six Sigma se puede aplicar a cualquier tipo de proyecto, desde la fabricación hasta la atención al cliente, y puede ser utilizada por cualquier organización que busque mejorar su eficiencia y efectividad. En este capítulo, se describirá la metodología de gestión de proyectos Lean Six Sigma, sus herramientas y técnicas, y cómo se puede aplicar en diferentes contextos.

Lean Six Sigma: una breve introducción Lean Six Sigma combina dos enfoques: Lean y Six Sigma. Lean se centra en la eliminación de procesos innecesarios y en la reducción del tiempo de entrega, mientras que Six Sigma se centra en la mejora de la calidad de los productos y servicios. La combinación de ambos enfoques permite a las organizaciones mejorar la calidad de sus productos y servicios al mismo tiempo que reducen los costos y aumentan la eficiencia.

La metodología Lean Six Sigma se divide en cinco fases: Definir, Medir, Analizar, Mejorar y Controlar (DMAIC, por sus siglas en inglés). Cada fase tiene una serie de actividades y herramientas asociadas que se utilizan para identificar los problemas, medir el rendimiento actual, analizar los datos, identificar oportunidades de mejora, implementar soluciones y controlar el rendimiento a largo plazo.

La fase de Definir se centra en definir el problema y establecer el alcance del proyecto. En esta fase se establecen los objetivos del proyecto, se identifica el equipo de proyecto y se establece un plan de proyecto.

La fase de Medir se centra en medir el rendimiento actual y establecer una línea base. En esta fase se identifican los datos necesarios para medir el rendimiento actual y se recopilan y analizan estos datos.

La fase de Analizar se centra en analizar los datos recopilados en la fase anterior. En esta fase se identifican las causas raíz de los problemas identificados y se identifican oportunidades de mejora.

La fase de Mejorar se centra en implementar soluciones para mejorar el rendimiento. En esta fase se desarrollan soluciones potenciales y se selecciona la solución más adecuada. Luego se implementa la solución y se realiza un seguimiento del rendimiento.

La fase de Controlar se centra en controlar el rendimiento a largo plazo. En esta fase se establecen controles para garantizar que la solución implementada siga siendo efectiva y se siguen recopilando y analizando los datos.

Herramientas y técnicas de la metodología Lean Six Sigma La metodología Lean Six Sigma utiliza una serie de herramientas y técnicas para ayudar en cada fase del proyecto. Algunas de las herramientas más comunes incluyen:

Análisis de Pareto: esta herramienta se utiliza para identificar los problemas más importantes. El análisis de Pareto se basa en el principio de que el 80% de los problemas se deben al 20% de las causas.

Diagrama de Ishikawa: también conocido como diagrama de espina de pescado o diagrama de causa y efecto, esta herramienta se utiliza para identificar las causas raíz de un problema. El diagrama se divide en categorías y se utilizan flechas para mostrar la relación entre las causas y el problema.

Mapa de flujo de valor: esta herramienta se utiliza para visualizar el flujo del proceso y identificar los puntos de mejora. El mapa de flujo de valor muestra todos los pasos necesarios para entregar un producto o servicio, desde la materia prima hasta el cliente final.

Gráfico de control: esta herramienta se utiliza para monitorear el rendimiento del proceso a lo largo del tiempo. El gráfico de control muestra los límites superior e inferior de control y los datos del proceso se grafican en el tiempo.

Análisis de capacidad del proceso: esta herramienta se utiliza para medir la capacidad del proceso para producir productos o servicios dentro de las especificaciones. Se utiliza para determinar si el proceso está funcionando dentro de las especificaciones y si se requieren mejoras.

Análisis de regresión: esta herramienta se utiliza para identificar la relación entre dos variables. Se utiliza para determinar si una variable afecta el resultado de otra variable y en qué medida.

Aplicación de la metodología Lean Six Sigma en diferentes contextos

La metodología Lean Six Sigma se puede aplicar en una amplia gama de contextos, desde la fabricación hasta la atención al cliente. A continuación, se describen algunos ejemplos de cómo se puede aplicar la metodología Lean Six Sigma en diferentes contextos.

Fabricación

En el contexto de la fabricación, la metodología Lean Six Sigma se puede utilizar para mejorar la eficiencia y reducir los costos de producción. Por ejemplo, se puede utilizar la metodología para identificar los cuellos de botella en la línea de producción y mejorar la eficiencia de los procesos. También se puede utilizar para reducir el tiempo de ciclo de producción y mejorar la calidad del producto.

Servicios financieros

En el contexto de los servicios financieros, la metodología Lean Six Sigma se puede utilizar para mejorar la eficiencia de los procesos y reducir los costos. Por ejemplo, se puede utilizar para identificar los procesos innecesarios en la gestión de préstamos hipotecarios y eliminarlos para reducir los costos de procesamiento. También se puede utilizar para mejorar la calidad del servicio al cliente, reduciendo el tiempo de respuesta y aumentando la satisfacción del cliente.

Atención médica

En el contexto de la atención médica, la metodología Lean Six Sigma se puede utilizar para mejorar la calidad del cuidado del paciente y reducir los costos de atención médica. Por ejemplo, se puede utilizar para reducir el tiempo de espera en las salas de emergencia y mejorar la eficiencia de los procesos de admisión y alta hospitalaria. También se puede utilizar para mejorar la seguridad del paciente y reducir los errores médicos.

Conclusiones

La metodología de gestión de proyectos Lean Six Sigma es una poderosa herramienta para mejorar la eficiencia y la calidad en cualquier tipo de organización. Al combinar los enfoques Lean y Six Sigma, se pueden identificar y eliminar los procesos innecesarios y mejorar la calidad de los productos y servicios. La metodología se divide en cinco fases: Definir, Medir, Analizar, Mejorar y Controlar (DMAIC), y utiliza una serie de herramientas y técnicas para ayudar en cada fase del proyecto. La metodología Lean Six Sigma se puede aplicar en una amplia gama de contextos, desde la fabricación hasta la atención médica y los servicios financieros.

Una de las principales ventajas de la metodología Lean Six Sigma es que se enfoca en la mejora continua. Esto significa que los proyectos nunca se consideran "terminados", sino que se revisan y mejoran constantemente para garantizar que los procesos sigan siendo eficientes y de alta calidad. Además, al enfocarse en los datos y la medición, la metodología ayuda a las organizaciones a tomar decisiones basadas en hechos en lugar de suposiciones.

Sin embargo, la implementación exitosa de la metodología Lean Six Sigma requiere una planificación y capacitación adecuadas. Es importante que las organizaciones comprendan los principios y herramientas de la metodología, y que capaciten a su personal en su uso. También es esencial que las organizaciones asignen suficiente tiempo y recursos para el proyecto, y que cuenten con el apoyo de la alta dirección para garantizar su éxito.

En resumen, la metodología Lean Six Sigma es una herramienta poderosa para mejorar la eficiencia y la calidad en cualquier tipo de organización. Al combinar los enfoques Lean y Six Sigma, se pueden identificar y eliminar los procesos innecesarios y mejorar la calidad de los productos y servicios. La metodología se divide en cinco fases: Definir, Medir, Analizar, Mejorar y Controlar (DMAIC), y utiliza una serie de herramientas y técnicas para ayudar en cada fase del proyecto. La metodología Lean Six Sigma se puede aplicar en una amplia gama de contextos y se enfoca en la mejora continua a través de datos y medición. Para su implementación exitosa se requiere planificación, capacitación y apoyo de la alta dirección.

DESARROLLO Y GESTIÓN DE EQUIPOS LEAN SIX SIGMA

El desarrollo y gestión de equipos Lean Six Sigma es un proceso crítico para cualquier organización que busque mejorar sus procesos y aumentar la satisfacción del cliente. En este capítulo, discutiremos los aspectos clave del desarrollo y gestión de equipos Lean Six Sigma, incluyendo la formación de equipos, la gestión del cambio, la comunicación efectiva y la medición del rendimiento.

Formación de equipos

La formación de equipos es el primer paso crítico en el desarrollo de un equipo Lean Six Sigma efectivo. Los equipos Lean Six Sigma generalmente se componen de personas de diferentes departamentos y funciones, y pueden incluir tanto empleados de nivel operativo como de nivel de gestión. Es importante que los miembros del equipo tengan habilidades complementarias y que estén dispuestos a trabajar juntos para lograr los objetivos del proyecto.

La formación de equipos generalmente comienza con la selección de los miembros del equipo. Esto implica identificar a los empleados que tienen habilidades específicas y conocimientos en el área de enfoque del proyecto. Por ejemplo, si el proyecto se enfoca en mejorar la eficiencia de la cadena de suministro, es posible que se seleccione a miembros del equipo con experiencia en logística, compras y producción.

Una vez que se ha seleccionado al equipo, es importante que se les brinde la formación necesaria para que puedan entender los conceptos básicos de Lean Six Sigma y aplicarlos en el proyecto. Esto puede incluir cursos de formación en herramientas Lean Six Sigma, como diagramas de Ishikawa y mapas de flujo de valor, así como formación en habilidades blandas, como liderazgo y comunicación.

Gestión del cambio

La gestión del cambio es otro aspecto crítico del desarrollo y gestión de equipos Lean Six Sigma. Los proyectos Lean Six Sigma a menudo implican cambios significativos en los procesos, la tecnología y la cultura de una organización. La resistencia al cambio es común, y puede ser un obstáculo importante para el éxito del proyecto.

Para gestionar el cambio de manera efectiva, es importante comunicar claramente los objetivos del proyecto y los beneficios potenciales de la implementación de Lean Six Sigma. Esto puede incluir la reducción de costos, la mejora de la calidad y la satisfacción del cliente. Es importante involucrar a todos los empleados afectados por el proyecto y proporcionarles la formación y los recursos necesarios para que puedan contribuir al éxito del proyecto.

La comunicación efectiva

La comunicación efectiva es otro factor crítico en el desarrollo y gestión de equipos Lean Six Sigma. La comunicación efectiva es importante para asegurar que todos los miembros del equipo estén alineados en los objetivos del proyecto, comprendan sus roles y responsabilidades y estén dispuestos a trabajar juntos para lograr los objetivos.

La comunicación efectiva también es importante para mantener a todos los interesados informados sobre el progreso del proyecto. Esto puede incluir informes regulares de progreso, actualizaciones de correo electrónico y reuniones de equipo regulares. Es importante que la comunicación sea clara y concisa, y que se adapte al público adecuado. Por ejemplo, es posible que se necesite una comunicación diferente para los empleados de nivel operativo y los ejecutivos de alto nivel.

Medición del rendimiento

La medición del rendimiento es un aspecto crítico del desarrollo y gestión de equipos Lean Six Sigma. Es importante medir el rendimiento del proyecto y los resultados de manera efectiva para determinar si se han logrado los objetivos del proyecto y para identificar áreas de mejora para futuros proyectos.

La medición del rendimiento generalmente implica el seguimiento de las métricas clave del proyecto, como el tiempo de ciclo, el costo, la calidad y la satisfacción del cliente. Estas métricas deben ser medibles y cuantificables, y se deben establecer objetivos específicos para cada una de ellas.

Es importante utilizar herramientas Lean Six Sigma, como el control estadístico de procesos (SPC), para medir y analizar los datos. Esto puede ayudar a identificar patrones y tendencias, y permitir la toma de decisiones basadas en datos.

Además de medir el rendimiento del proyecto, también es importante medir el rendimiento del equipo. Esto puede incluir la medición de la satisfacción del equipo, la efectividad del equipo y el desarrollo de habilidades individuales.

Conclusión

En resumen, el desarrollo y gestión de equipos Lean Six Sigma es crítico para el éxito de cualquier proyecto de mejora de procesos. La formación de equipos efectivos, la gestión del cambio, la comunicación efectiva y la medición del rendimiento son aspectos clave que deben ser considerados para lograr los objetivos del proyecto y mejorar la satisfacción del cliente. Es importante que las organizaciones dediquen los recursos necesarios para desarrollar equipos Lean Six Sigma efectivos y apoyarlos a medida que implementan proyectos de mejora de procesos.

ENTRENAMIENTO Y CERTIFICACIÓN DE PROFESIONALES EN LEAN SIX SIGMA

Para implementar Lean Six Sigma de manera efectiva, es necesario contar con profesionales capacitados y certificados en la metodología. En este capítulo, exploraremos el proceso de entrenamiento y certificación de profesionales en Lean Six Sigma, desde los conceptos básicos hasta los niveles más avanzados de certificación.

Conceptos básicos de Lean Six Sigma

Antes de adentrarnos en el proceso de entrenamiento y certificación, es importante comprender los conceptos básicos de Lean Six Sigma. A continuación, presentamos una breve introducción a algunos de los términos más importantes:

Desperdicio: Cualquier actividad que no agrega valor a un proceso se considera un desperdicio. Los siete tipos de desperdicios más comunes en los procesos son el exceso de producción, el tiempo de espera, el transporte innecesario, el procesamiento innecesario, el inventario innecesario, los movimientos innecesarios y los defectos.

Variabilidad: La variabilidad se refiere a cualquier fluctuación en el proceso que puede afectar negativamente la calidad o la eficiencia. La reducción de la variabilidad es uno de los principales objetivos de la metodología Six Sigma.

DMAIC: DMAIC es la metodología principal utilizada en Lean Six Sigma. Significa Definir, Medir, Analizar, Mejorar y Controlar. Cada etapa del proceso se enfoca en un aspecto diferente de la mejora continua.

Black Belt: Un Black Belt es un profesional certificado en Lean Six Sigma que ha completado un nivel avanzado de entrenamiento y tiene la capacidad de liderar proyectos complejos de mejora continua.

Green Belt: Un Green Belt es un profesional certificado en Lean Six Sigma que ha completado un nivel intermedio de entrenamiento y tiene la capacidad de liderar proyectos simples de mejora continua.

Niveles de certificación en Lean Six Sigma

Existen varios niveles de certificación en Lean Six Sigma, cada uno con diferentes requisitos y habilidades necesarias. A continuación, presentamos los niveles de certificación más comunes:

Yellow Belt: Un Yellow Belt es un profesional que ha completado una capacitación básica en Lean Six Sigma. Los Yellow Belts tienen una comprensión básica de la metodología y pueden contribuir en proyectos simples de mejora continua.

Green Belt: Como se mencionó anteriormente, un Green Belt es un profesional que ha completado un nivel intermedio de entrenamiento en Lean Six Sigma. Los Green Belts tienen una comprensión más profunda de la metodología y pueden liderar proyectos simples de mejora continua.

Black Belt: Un Black Belt es un profesional que ha completado un nivel avanzado de entrenamiento en Lean Six Sigma. Los Black Belts tienen una comprensión completa de la metodología y pueden liderar proyectos complejos de mejora continua.

Master Black Belt: Un Master Black Belt es un profesional que ha completado un nivel de entrenamiento aún más avanzado en Lean Six Sigma. Los Master Black Belts tienen un conocimiento profundo de la metodología y pueden liderar múltiples proyectos y entrenar a otros profesionales en Lean Six Sigma.

Champion: Un Champion es un líder de la organización que apoya y promueve la implementación de Lean Six Sigma en toda la empresa. Los Champions no están necesariamente certificados en Lean Six Sigma, pero tienen un papel importante en el éxito de la metodología en la organización.

Cada nivel de certificación tiene diferentes requisitos en cuanto a horas de entrenamiento, experiencia práctica y habilidades necesarias para ser certificado. Además, cada nivel de certificación tiene diferentes responsabilidades y expectativas en cuanto a liderar proyectos de mejora continua.

Proceso de entrenamiento en Lean Six Sigma

El proceso de entrenamiento en Lean Six Sigma varía según el proveedor de entrenamiento y la organización que busca la certificación. Sin embargo, en general, el proceso de entrenamiento en Lean Six Sigma consta de los siguientes pasos:

Identificación de la necesidad de entrenamiento: La organización debe evaluar si necesita capacitación en Lean Six Sigma y qué nivel de certificación es necesario para cumplir con sus objetivos de mejora continua.

Selección del proveedor de entrenamiento: La organización debe seleccionar un proveedor de entrenamiento de confianza que ofrezca cursos de capacitación en Lean Six Sigma del nivel necesario.

Capacitación: Los profesionales que buscan la certificación deben completar las horas de entrenamiento requeridas y adquirir las habilidades necesarias para cumplir con los requisitos del nivel de certificación deseado.

Proyecto práctico: Los profesionales deben completar un proyecto práctico de mejora continua que demuestre su habilidad para aplicar la metodología en un entorno real.

Examen de certificación: Los profesionales deben aprobar un examen de certificación que evalúa su conocimiento y habilidades en Lean Six Sigma.

Certificación: Una vez que se cumplen todos los requisitos, el profesional recibe la certificación en Lean Six Sigma en el nivel deseado.

Es importante tener en cuenta que el proceso de entrenamiento y certificación en Lean Six Sigma es un compromiso a largo plazo y requiere una dedicación significativa de tiempo y recursos. Sin embargo, los beneficios de la metodología son igualmente significativos y pueden tener un impacto positivo en toda la organización.

Beneficios de la certificación en Lean Six Sigma

La certificación en Lean Six Sigma puede proporcionar varios beneficios para los profesionales y la organización en general. A continuación, presentamos algunos de los beneficios más comunes:

Mejora de la eficiencia: La metodología Lean Six Sigma se centra en la eliminación de desperdicios y la optimización de procesos, lo que puede resultar en una mayor eficiencia en todas las áreas de la organización.

Reducción de errores: Al enfocarse en la eliminación de variaciones y errores, Lean Six Sigma puede ayudar a reducir el número de errores en los procesos, lo que puede mejorar la calidad de los productos y servicios y reducir los costos asociados con la corrección de errores.

Mejora de la satisfacción del cliente: Al mejorar la calidad de los productos y servicios, Lean Six Sigma puede ayudar a mejorar la satisfacción del cliente y la lealtad a la marca.

Ahorro de costos: La mejora de la eficiencia y la reducción de errores pueden llevar a una reducción de los costos de operación y la mejora de la rentabilidad.

Mejora de la cultura organizacional: Al adoptar Lean Six Sigma como una metodología de mejora continua, las organizaciones pueden crear una cultura de mejora continua que fomente la innovación y la colaboración.

Desarrollo profesional: La certificación en Lean Six Sigma puede ser un valioso activo en el desarrollo profesional de un individuo, lo que puede mejorar sus perspectivas de carrera y oportunidades de crecimiento dentro de la organización.

Desafíos de la implementación de Lean Six Sigma

A pesar de los beneficios potenciales de Lean Six Sigma, la implementación de la metodología puede presentar varios desafíos para las organizaciones. A continuación, presentamos algunos de los desafíos más comunes:

Resistencia al cambio: La implementación de Lean Six Sigma puede requerir cambios significativos en la cultura organizacional y los procesos existentes, lo que puede provocar resistencia al cambio por parte de los empleados y líderes.

Falta de compromiso de la alta dirección: La implementación de Lean Six Sigma requiere el compromiso y el apoyo de la alta dirección para ser efectiva. Si los líderes no están comprometidos con la metodología, puede haber dificultades para implementarla de manera efectiva.

Falta de recursos: La implementación de Lean Six Sigma requiere recursos significativos en términos de tiempo, dinero y personal capacitado. Si una organización no está dispuesta o no tiene los recursos para invertir en la implementación de la metodología, puede ser difícil lograr los beneficios potenciales.

Falta de comprensión: Si los empleados no comprenden la metodología o su importancia para la organización, puede haber dificultades para implementarla de manera efectiva. La educación y la capacitación son fundamentales para garantizar que todos los empleados comprendan y apoyen la implementación de Lean Six Sigma.

Dificultades para medir el éxito: La implementación de Lean Six Sigma requiere una medición y evaluación constante de los procesos para identificar oportunidades de mejora. Si una organización tiene dificultades para medir el éxito o establecer objetivos claros, puede ser difícil implementar la metodología de manera efectiva.

Conclusión

La implementación de Lean Six Sigma puede ser una herramienta valiosa para mejorar la eficiencia, reducir errores, mejorar la calidad y aumentar la satisfacción del cliente. Sin embargo, la implementación exitosa de la metodología requiere un compromiso significativo de tiempo y recursos y puede presentar desafíos para las organizaciones.

La capacitación y certificación en Lean Six Sigma pueden ayudar a los profesionales a adquirir las habilidades necesarias para liderar proyectos de mejora continua y proporcionar un valioso activo en su desarrollo profesional. Además, la educación y la capacitación son fundamentales para garantizar que todos los empleados comprendan la metodología y apoyen su implementación.

Es importante tener en cuenta que Lean Six Sigma no es una solución única para todas las organizaciones o problemas. Cada organización es única y puede requerir una adaptación de la metodología para satisfacer sus necesidades específicas. Además, es importante recordar que la implementación exitosa de Lean Six Sigma requiere un compromiso continuo con la mejora continua y la cultura organizacional.

En conclusión, la implementación de Lean Six Sigma puede ser una herramienta valiosa para mejorar la eficiencia y la calidad de las operaciones empresariales, y la capacitación y certificación en la metodología pueden proporcionar beneficios significativos para el desarrollo profesional de los individuos y la cultura organizacional. Sin embargo, la implementación efectiva de Lean Six Sigma requiere un compromiso significativo de tiempo, recursos y liderazgo para superar los desafíos que pueden surgir durante el proceso de implementación.

IMPLEMENTACIÓN DE LEAN SIX SIGMA EN DIFERENTES SECTORES INDUSTRIALES: APLICACIONES Y CASOS DE ÉXITO

La implementación de Lean Six Sigma en la industria manufacturera ha sido ampliamente estudiada y documentada. En esta sección, exploraremos algunos casos de éxito en diferentes sub-sectores de la industria manufacturera.

Caso de éxito en la industria automotriz

Toyota es conocida por ser una de las empresas que lideró la adopción de la filosofía Lean en la producción de automóviles. La implementación de Lean Six Sigma en Toyota se centró en la mejora continua de los procesos de producción para reducir el desperdicio y mejorar la calidad de los vehículos.

El enfoque de Toyota en la mejora continua ha llevado a la empresa a convertirse en una de las más eficientes en la producción de automóviles. El enfoque de la empresa en la calidad y la eficiencia ha sido tan efectivo que se ha convertido en un modelo para otras empresas que buscan mejorar sus procesos.

Caso de éxito en la industria alimentaria

La implementación de Lean Six Sigma en la industria alimentaria se ha centrado en mejorar la calidad de los productos, reducir los tiempos de producción y minimizar el desperdicio. Un ejemplo de éxito en la implementación de Lean Six Sigma en la industria alimentaria es el caso de Heinz.

Heinz implementó la metodología Lean Six Sigma en su planta de producción en Escocia, lo que llevó a una reducción del 30% en los costos de producción y un aumento del 10% en la producción. La empresa también logró mejorar la calidad de sus productos, lo que resultó en un aumento de la satisfacción del cliente.

Caso de éxito en la industria farmacéutica

La implementación de Lean Six Sigma en la industria farmacéutica se ha centrado en mejorar la calidad de los productos y reducir los tiempos de producción. Un ejemplo de éxito en la implementación de Lean Six Sigma en la industria farmacéutica es el caso de GlaxoSmithKline (GSK).

GSK implementó Lean Six Sigma en su planta de producción en el Reino Unido, lo que llevó a una reducción del 25% en el tiempo de ciclo de producción y una reducción del 15% en los costos de producción. Además, la empresa logró mejorar la calidad de sus productos, lo que resultó en una mayor satisfacción del cliente.

Implementación de Lean Six Sigma en la industria de servicios

La implementación de Lean Six Sigma en la industria de servicios se ha centrado en mejorar la eficiencia y la calidad del servicio al cliente. En esta sección, exploraremos algunos casos de éxito en diferentes sub-sectores de la industria de servicios.

Caso de éxito en la industria de la banca

La implementación de Lean Six Sigma en la industria bancaria se ha centrado en mejorar la eficiencia del servicio al cliente y reducir los tiempos de espera. Un ejemplo de éxito en la implementación de Lean Six Sigma en la industria bancaria es el caso de Bank of America.

Bank of America implementó Lean Six Sigma en su departamento de préstamos hipotecarios, lo que llevó a una reducción del 30% en el tiempo de procesamiento de préstamos y una reducción del 50% en los costos de procesamiento. Además, la empresa logró mejorar la satisfacción del cliente al proporcionar un servicio más rápido y eficiente.

Caso de éxito en la industria de la atención médica

La implementación de Lean Six Sigma en la industria de la atención médica se ha centrado en mejorar la eficiencia del servicio al paciente y reducir los tiempos de espera. Un ejemplo de éxito en la implementación de Lean Six Sigma en la industria de la atención médica es el caso de Virginia Mason Medical Center.

Virginia Mason Medical Center implementó Lean Six Sigma en su departamento de atención médica, lo que llevó a una reducción del 50% en los tiempos de espera y una reducción del 30% en los costos de atención médica. La empresa también logró mejorar la satisfacción del paciente al proporcionar un servicio más rápido y eficiente.

Caso de éxito en la industria de la logística

La implementación de Lean Six Sigma en la industria de la logística se ha centrado en mejorar la eficiencia de la cadena de suministro y reducir los costos de producción. Un ejemplo de éxito en la implementación de Lean Six Sigma en la industria de la logística es el caso de DHL.

DHL implementó Lean Six Sigma en su departamento de logística, lo que llevó a una reducción del 20% en los costos de producción y una reducción del 30% en los tiempos de entrega. La empresa también logró mejorar la calidad de sus servicios, lo que resultó en una mayor satisfacción del cliente.

Desafíos y consideraciones en la implementación de Lean Six Sigma

Aunque Lean Six Sigma ha demostrado ser un enfoque efectivo para mejorar la calidad y la eficiencia en diferentes sectores industriales, también presenta algunos desafíos y consideraciones importantes que deben abordarse durante su implementación.

Desafíos en la implementación de Lean Six Sigma

Uno de los principales desafíos en la implementación de Lean Six Sigma es el cambio cultural necesario para adoptar esta metodología. Los empleados deben estar dispuestos a cambiar sus procesos y formas de trabajar para lograr los objetivos de mejora de Lean Six Sigma. Además, la implementación de Lean Six Sigma puede requerir una inversión significativa en tiempo y recursos.

Otro desafío en la implementación de Lean Six Sigma es la necesidad de una planificación y gestión cuidadosa para asegurar que los objetivos y resultados de mejora sean alcanzados de manera efectiva.

Consideraciones en la implementación de Lean Six Sigma

Al implementar Lean Six Sigma, es importante tener en cuenta el contexto y las necesidades específicas de cada industria y organización. La metodología debe ser adaptada y personalizada para satisfacer las necesidades únicas de cada empresa.

Además, la capacitación y el desarrollo de habilidades son esenciales para el éxito de la implementación de Lean Six Sigma. Los empleados deben estar capacitados en la metodología y las herramientas de Lean Six Sigma para asegurar que puedan participar efectivamente en el proceso de mejora continua.

Conclusión

La implementación de Lean Six Sigma ha demostrado ser efectiva para mejorar la calidad y eficiencia en diferentes sectores industriales, incluyendo manufactura, atención médica, banca, logística y muchos más. Los casos de éxito presentados en este libro demuestran el impacto positivo que Lean Six Sigma puede tener en la reducción de costos, el aumento de la eficiencia y la mejora de la satisfacción del cliente.

Sin embargo, también se presentan algunos desafíos y consideraciones importantes que deben tenerse en cuenta al implementar Lean Six Sigma. Es esencial que la metodología sea personalizada y adaptada para satisfacer las necesidades únicas de cada organización. Además, el cambio cultural y la inversión de tiempo y recursos pueden ser un desafío, pero son necesarios para alcanzar los resultados de mejora deseados.

En resumen, la implementación de Lean Six Sigma puede ser una herramienta poderosa para mejorar la calidad y eficiencia en cualquier sector industrial. Al abordar los desafíos y consideraciones y personalizar la metodología para satisfacer las necesidades de la organización, se puede lograr un impacto positivo en la satisfacción del cliente, la reducción de costos y la mejora de la eficiencia.

ACERCA DEL AUTOR

Ingeniero Industrial y de Sistemas

Maestría en Administración con Calidad y Productividad

3 Certificaciones

2 Estudios Técnicos

Más de 20 cursos de capacitación

Ganador del Singapore Cooperation Programme (ITE)

Instructor, ingeniero, creador de contenido y escritor.
Descubre la industria moderna de la mano del ingeniero más polémico.
Taller del inge

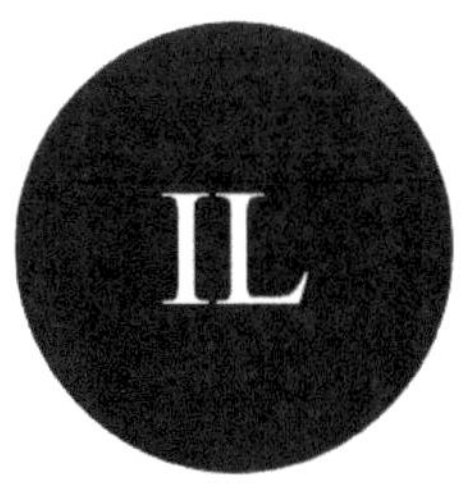

I. Laisequilla

Author / Engineer

LIBROS RELACIONADOS

La biblia de la Ingeniería Industrial

Desde la gestión de la producción hasta la optimización de procesos, pasando por la ingeniería de métodos y tiempos, este libro cubre los aspectos más importantes de la ingeniería industrial.

Formatos disponibles: físico, ebook y audiolibro

todo sobre Manufactura Industrial

Un recurso esencial para aquellos que buscan aplicar técnicas avanzadas en manufactura industrial, destacando principios teóricos y estrategias efectivas de optimización de procesos.

Formatos disponibles: físico, ebook y audiolibro

todo sobre Métodos Industriales

Lean Manufacturing, Six Sigma, Kaizen, TQM, Business Process Management. Desde los métodos clásicos hasta los más modernos y emergentes.

Formatos disponibles: físico, ebook y audiolibro

ENCUENTRA TAMBIÉN

todo sobre Calidad Industrial

FMEA, SPC, MSA, APQP, FMECA, Kaizen, Lean, ISO 9001, ISO 14001, ISO 45001, entre otras. Explicados de manera accesible y fácil de entender.

Formatos disponibles: físico, ebook y audiolibro

todo sobre Cadena de Suministro

Un recurso esencial para comprender y optimizar la cadena de suministro, abordando desde sus fundamentos hasta tecnologías emergentes como blockchain, inteligencia artificial e IoT, que transforman la industria.

Formatos disponibles: físico, ebook y audiolibro

www.ingramcontent.com/pod-product-compliance
Lightning Source LLC
Chambersburg PA
CBHW071332140726
47996CB00005B/1932